CHENGGONG ZHI DAO

成功之道

修身齐家立业身家业

马克 著

北京理工大学出版社
BEIJING INSTITUTE OF TECHNOLOGY PRESS

图书在版编目（CIP）数据

成功之道：修身齐家立业／马克著. —北京：北京理工大学出版社，2021.3
（2022.5重印）

ISBN 978 – 7 – 5682 – 9558 – 1

Ⅰ.①成… Ⅱ.①马… Ⅲ.①成功心理—通俗读物 Ⅳ.①B848.4–49

中国版本图书馆CIP数据核字（2021）第025800号

出版发行／北京理工大学出版社有限责任公司

社　　　址／北京市海淀区中关村南大街5号

邮　　　编／100081

电　　　话／（010）68914775（总编室）

　　　　　　（010）82562903（教材售后服务热线）

　　　　　　（010）68944723（其他图书服务热线）

网　　　址／http://www.bitpress.com.cn

经　　　销／全国各地新华书店

印　　　刷／三河市华骏印务包装有限公司

开　　　本／880毫米×1230毫米　1／32

印　　　张／8.375

彩　　　插／1　　　　　　　　　　　　　　　责任编辑／闫风华

字　　　数／162千字　　　　　　　　　　　　文案编辑／闫风华

版　　　次／2021年3月第1版　2022年5月第3次印刷　责任校对／刘亚男

定　　　价／68.00元　　　　　　　　　　　　责任印制／施胜娟

关/于/作/者

◎马　克

字水镜，号正毅中人。

修身力行者：创立"尽心学堂"——尽心尽力，传播国学。

家庭教育力行者：已出版《少年正气说》《智慧父母》，并合作译注《颜氏家训》。

企业家政商演讲教学者：已出版《舌行天下》。

慈善力行者：发起并创立"我行我善"慈善助学平台。

公益演讲力行者：多次在妇联、中小学、工商联、商会、协会等企事业单位做公益演讲。

一本书的命运：

1. 被丢弃

2. 被束之高阁

3. 被随便翻翻

4. 被认真阅读

5. 被分享传播

每个作者都不希望自己的书是前三种命运，我也如此。我知道《成功之道：修身齐家立业》并不是一本受大众口味所欢迎的书，我也并不打算讨好大众口味。我希望做大众的朋友，但更希望做时间的朋友。我相信，喜欢这本书的读者一定会认真阅读，也一定会分享传播。

我写这本书的目的有如下三点：一、在这个物质快速发展的时代，人们忽略了心灵的品质，而修身是让心灵更清澈更光明的不二法门，所以我倡导"修身"。二、我看到今天很多人在事业上取得了成功，但家庭并不幸福，我希望这类职场精英的家庭和孩子教育也能成功，所以我倡导"齐家"。三、在激烈的市场竞争中，人们偏重"以术取胜"的短期成功模式而忽略"以道取胜"的长期成功模式。真正成功的事业会关注"做强做久"而非"做大做快"，所以我倡导"立业"。

　　有人劝我不要用"成功之道"作为书的名字，避免让人误解为人人喊打的"成功学"。我说："我就想用'成功之道'，我想借拙作尝试阐述'成功'的内涵和外延。"

　　改革开放四十多年，很多人都将财大气粗作为成功的标准，将奢侈的吃、穿、住、用、行作为成功的标准，甚至在上海还出现过拼单秀奢侈、装名媛的虚荣之现象。这种将成功物质化、单一化的价值观是偏激的，就算部分幸运儿在追求物质这条路上成功了，在心灵和精神层面也很难成功。

　　在片面和过分追求物质成功的年代，人们对成功的渴望一触即发，如今人人喊打的"成功学"在彼时应运而生。课堂内外，热火朝天，场面如虹，人们张口闭口就谈钱，似乎成功就等于赚钱，甚至有些人到了笑贫不笑娼的地步，人们拼命地为自己的家和家人构筑物质和财富的层层堡垒。短短数年，一座座高楼拔地而起，人们出入于各类高档小区、写字楼和购物中心；马路宽敞，奔驰、宝马等汽车随处可见，自动化、智能化也走进千家万户。但过度追求经济和物质享受，也给社会带来了巨大的问题——空气、水、土壤的污染和破坏，离婚率和精神疾病的陡然上升，人们普遍处于亚健康状态，各类"富贵病"①和疑难杂症层出不穷，事实上，人们过得并不幸福。

就国家和社会这艘巨型航母来说，这种物质和精神不均衡发展的现象或许是无法避免的，但就个人和家庭这艘小船而言，难道也不能避免吗？我认为：能！这也正是我写本书的原因。

成功是什么？仁者见仁，智者见智，很难有统一的说法。有人说成功是个过程，你奋斗过就成功了，这是一个很棒的视角。但我想从结果上给成功下个定义。就结果层面粗略地说，成功＝生命的成功＋家庭的成功＋事业的成功，只有这三者都做到了，才是真正意义上的成功。生命的成功属于道德层面的成功，而家庭和事业的成功属于品德层面的成功。下面我简单辨析一下道德和品德的差别。

人们常将道德和品德混为一谈，说某某是个有道德的人，某某是个没道德的人，事实上，人们嘴里所说的道德大多数时候都是指品德。

首先来说说道德，顾名思义，道德是"道"之德。道是什么？老子说"道可道，非常道"，尽管如此，他还是用洋洋洒洒

---

① 人们口中的富贵病其实是贫穷病。这里的贫穷一方面是物质的贫穷，物质的贫穷导致人们无力顾及养生，大多吃一些便宜的高热高糖的食品，比如在美国的富人区很少有肯德基、麦当劳，因为这些富人是不会吃这些食品的。另一方面是知识的贫穷，很多人根本不知道饮食与健康的关系，等知道时为时已晚。

的五千言《道德经》对"道"做了描述。孔子说"志于道"，给人们指明了生命的意义。阳明子说"圣人之道，吾性自足，不假外求"，给人们以坚定的信心和力量来点亮自己的生命。我理解老子所谓的"道"更多是指天道，孔子和阳明子所谓的"道"更多是指人道，也即仁道——圣人之道，良心之道。

如何成就仁道、圣道、心道乃至天道呢？《中庸》云："诚者，天之道也；诚之者，人之道也。诚者，不勉而中，不思而得，从容中道，圣人也。诚之者，择善而固执之者也。"亦云："唯天下至诚，为能尽其性；能尽其性，则能尽人之性；能尽人之性，则能尽物之性；能尽物之性，则可以赞天地之化育；可以赞天地之化育，则可以与天地参矣。"

综上所述，人道的极致就是圣人之道，圣人之道就是与天地参的天道，而天道也只是一个"诚"字，所以人要思诚、要学诚。

事实上，老百姓常说的"真诚"有着很朴实无华却又精微高明的含义，能理解其深邃含义者寥寥无几。在教育界，陶行知先生算是一位，所以他说出了教育的真谛——"千教万教教人求真，千学万学学做真人"。真即诚，诚即道，陶先生的教育理念暗合了《中庸》所说的"天命之谓性，率性之谓道，修道之谓教，"所以陶先生是真正的教育家，他的教育理念就是要培育生命成功的中国人，他道出了教育的核心与灵魂。

纵观今日之学校，校领导都把陶先生的话挂在墙上，甚至刻在墙上，但却拼命推行应试教育，真是莫大的讽刺。我旗帜鲜明地告诉女儿："爸爸希望你做一个医生或老师，如果做老师，我希望你做一个真正践行陶行知先生那句'千教万教教人求真，千学万学学做真人'的老师，做一个不要看领导脸色和分数第一的老师，做一个眼里有孩子、真正爱孩子的老师，做一个不为五斗米折腰但要为生命绽放并影响更多学生生命绽放的老师……如果你做到了这样，却不被社会接纳，那不是你的失败，爸爸会养你一辈子，你将是世界上最美的'啃老族'。"

接下来，我说说品德，顾名思义，品德是"品"之德。品由三个口组成，如此说来，多人口口相传的德就是品德。所以品德就是大家约定俗成的价值判断与认知，如果这个价值判断与认知被代代流传，就变成了风俗习惯。

孔子一方面说"众恶之，必察焉；众好之，必察焉"，但他和子贡的一段对话又说——子贡问曰："乡人皆好之，何如？"子曰："未可也。""乡人皆恶之，何如？"子曰："未可也。不如乡人之善者好之，其不善者恶之。"可见孔子对大众的价值判断和认知是持谨慎态度的。也就是说，大众口中的德只是品德，甚至是乡愿的品德，而非真正的道德。

道德是超越时空的、恒久不变的，比方说，孝悌就是道德，今天的孝悌和三千年前的孝悌之内涵是完全相同的。而品德是有时空性的，符合彼时彼地的品德未必符合此时此地，比方说，在古代女人裹小脚被视为有品德，而在今天却被视为迂腐；中国人三年不回家看父母就被视为没有孝顺的品德，大多数欧美人则无此概念。

道德属于精神和灵魂层面，所以有道德的人未必能在社会上混得好，甚至会混得很差。颜回在彼时彼刻的日子过得很穷苦，被人看不起，唯有孔子懂颜回——子曰："贤哉，回也！一箪食，一瓢饮，在陋巷，人不堪其忧，回也不改其乐。贤哉，回也！"事实上，有道德的孔子在周游列国时也过着颠沛流离甚至连饭都吃不上的日子。

有品德的人往往会在社会上混得如鱼得水，因为品德往往意味着好名声，而好名声往往能得到更多获利的机会。社会上不乏以慈善和扶贫为幌子而彰显自己品德的人，甚至有人借此为自己谋利益。这些丑恶嘴脸未被揭露，人设未崩塌之前，他们都是有品德的人，甚至是社会的榜样。常听人说，某某情商高，但他们所谓的情商高就是不得罪人，圆滑世故而已，这类人往往是有品德的"乡愿"，不足道也。

当然，品德和道德并不冲突，二者的契合点就是义。孔子说，"不义而富且贵，于我如浮云""见利思义""君子喻于义，小人喻于利"。孟子说，"苟为后义而先利，不夺不餍"。所以宋代的叶适先生就提倡"经世致用，义利并举"。

写了这么多，只是希望读者朋友们能初步理解道德和品德的差别，并用道德来点亮自己的生命，成为一个有道德的人——生命层面成功的人。

我常对我的孩子表达如下意思："爸爸在家庭上和事业上也算小有成就，但这都属于物质层面的成功。爸爸正致力于成为一个在生命层面成功的人，成为一个堂堂正正的人，成为一个此心光明的人。爸爸在你们这么大的时候，爷爷也教给爸爸一些做人做事的道理，并不断鞭策爸爸读书、考大学、过上富裕的日子。但爷爷对爸爸的教育都是品德层面的，也都是为了让爸爸过上好日子，这与爷爷所处的环境、自身的文化水平及道德修养有关。但爸爸今天已经为你们打下了不错的物质基础，'仓廪实而知礼节'，我希望你们成为一个有道德的人、有生命品质的人。事实上，只有有生命品质的人，才能真正获得幸福，也才能获得真正的幸福——无论人生遇到什么，都能心安自在，正如《中庸》所说，'君子素其位而行，不愿乎其外。素富贵，行乎富贵；素贫贱，行乎贫贱；素夷狄，行乎夷狄；素患难，行乎患难；君子无入而不自得焉。在上位不陵下，在下位不援上，正己而不求于人，则无怨。上不怨天，下不尤人。故君子居易以俟命，小人行险以徼幸。'"

当然，与其说这是我对孩子们的建议，不如说这是我对自己的要求。这是觉醒后的生命对自己的召唤，我的人生也理所当然地发生了翻天覆地的良性变化，无论在家庭、事业还是生命品质上都有了很大的改善。所以我希望将这些我学习到的、体悟到的分享给有缘的读者，助力大家朝着全面成功的成功之道前进。

成功＝生命的成功＋家庭的成功＋事业的成功。如何获得这三者的成功呢？我相信，读者朋友按照本书副标题所写"修身齐家立业"，或许能找到成功之道。

CONTENTS 目 录

第一篇
修身篇

　　修身是中国儒家文化中的重要概念，从孔子到阳明先生，古圣先贤无不用大量文字从不同角度翻过来覆过去地阐述其方法、门径和关键点。

　　我是孔夫子的学生，习惯用修身的概念。有些人喜欢用修心或修行，无论是修身还是修心都是指身心双修。修的重点不仅仅是学习知识或名词章句，更是落实到行动上，所以又叫修行。

　　常有人问我："人为什么要修身呢？"我就反问："你想远离焦虑吗？你想获得幸福吗？"如果你想幸福，修身是不二法门。如《礼记·大学》所说："自天子以至于庶人，一是皆以修身为本，其本乱而末治者，否矣；其所厚者薄，而其所薄者厚，未之有也。"

第一章　认识自己

第一节　人性的善与恶

我们常听人说"人性是自私的，人性是贪婪的，人性就是这样，这就是人性"，事实上，这种表述是不准确的。因为人性是个大概念，是个可细化的概念，我们不能用狭隘的描述来解释这个宽泛的概念，这就犯了盲人摸象的错误。通过下面两个章节，我们会了解到人性分为本性、禀性和习性。人的本性是至善的，是超越善恶的，是与圣、佛同类的，是不增不减、不生不灭、不垢不净的。孔子说的"性相近也"的"性"就是指"本性"，这个本性是超越的，是绝对的，是本然的，是天性的，是无善无恶的，是心之本体——无善无恶心之体。"孟子道性善"——孟子对性善的论述有很多，也是从本性的角度提出的，是绝对的善，而非善恶相对的善。

孟子曰："人皆有不忍人之心。先王有不忍人之心，斯有不忍人之政矣。以不忍人之心，行不忍人之政，治天下可运之掌上。所以谓人皆有不忍人之心者：今人乍见孺子将入于井，皆有怵惕恻隐之心。非所以内交于孺子之父母也，非所以要誉于乡党朋友也，非恶其声而然也。由是观之，无恻隐之心，非人也；无羞恶之心，非人也；无辞让之心，非人也；无是非之心，非人也。恻隐之心，仁之端也；羞恶之心，义之端也；辞让之心，礼之端也；是非之心，智之端也。人之有是四端也，犹其有四体也。有是四端而自谓不能者，自贼者也；谓其君不能者，贼其君者也。凡有四端于我者，知皆扩而充之矣。若火之始然，泉之始达。苟能充之，足以保四海；苟不充之，不足以事父母。"

孟子曰："人性之善也，犹水之就下也。人无有不善，水无有不下。今夫水，搏而跃之，可使过颡；激而行之，可使在山。是岂水之性哉？其势则然也。人之可使为不善，其性亦犹是也。"

孟子曰："恻隐之心，人皆有之；羞恶之心，人皆有之；恭敬之心，人皆有之；是非之心，人皆有之。恻隐之心，仁也；羞恶之心，义也；恭敬之心，礼也；是非之心，智也。仁义礼智，非由外铄我也，我固有之也，弗思耳矣。故曰：'求则得之，舍则失之。'或相倍蓰而无算者，不能尽其才者也。"

孔子说的"习相远也"的"习"是指习性。人的习性与知识、认识及环境息息相关。不同环境中的人，习性千差万别，相同环境中不同个体的习性也判若云泥。所以我们可以通过改变知识结构、认知方式和工作及生活环境来改变我们的习性。

人们常感慨"江山易改，禀性难移"，这里的禀性指的就是先天的禀性，与现代医学所说的基因与遗传类似。人的禀赋就是从禀性中来的，所以人要通过学习认识自己的禀性，或者借助基因检测科技认识自己的禀赋并扬长避短——是猴子就学爬树，是鱼就学游泳，是马就学奔跑，是龙就要在天上飞，顺着禀赋成长的人无疑是幸福的。

综上所述，人性到底是善还是恶呢？我认为这要看从哪个视角和层次来谈。孟子的性善论是从本性上来说的；荀子的性恶论及其他流派的性私、性三品、性可善可恶等说法都是从禀性和习性上来说的。从这个意义上说，所谓的修行就是改变习性，认知禀性，回归本性。

最后，用一个比喻来解释本性，禀性和习性。本性就像大海，不生不灭，不增不减，不垢不净。禀性和习性象大海里的冰山——禀性是冰山下面的部分，很强大很顽固，不易察觉，就算人在最高品质的深睡状态或深度昏迷状态，禀性依然起作用，可理解成人的潜意识，甚至是人类的集体潜意识。习性象冰山上面的一角，可理解成人的意识。真正决定冰山状态的是下面的部分，真正将泰坦尼克号撞沉海底的也是冰山下面的部分，但大海依然还是大海……

第二节　我是谁?

请想象一个场景，你去一个管理严格的企业或小区拜访客户或看望朋友，负责任的保安会问"你是谁"，并做好登记。请再想象一个场景，你接到陌生电话时，你或许会问"你是谁"，以便决定是继续通话还是挂断。长此以往，人们慢慢地以为那个名字就是我。事实上，那只是一个代号，叫什么都行，但无论如何，名字不是真正的"我"。

说到名字，我认为名字并不代表中国人所谓的"名者命也"的宿命论，但可以作为也应该作为自己的使命符号来激励自己前行。接下来，我以自己为例来阐述一下我的名字，目的是希望读者朋友也能重新审视并诠释自己的名字。

我的笔名叫马克，这只是一个代号，但这个代号在我不同的年龄段被我赋予了不同的含义，并持续激励我前行。2011 年之前，我暗示自己："马克"是"'马'到成功，攻无不'克'"。那时我是做销售工作的，也在讲销售课程。2008 年，我出版了人生的第一本书《虎口夺单》。当时我最核心的任务就是赚钱养家，我对钱的渴求就像狼对肉的渴求一样强烈。浮躁轻狂、虚荣虚伪、无知无畏，这三个词可以精准刻画我当时的形象，那时我根本不知道生命品质的概念。如今回望过去，虽能理解，但总觉得有些惭愧和可惜。写到这里，或许有人说，经济基础决定上层建筑。其实不然，"经济基础决定上层建筑"只是人们不想觉醒的一个说辞。事实上，我们身边有很多经济基础好，甚至也包括我自己在内的人，其上层建筑却荒凉不堪。也有极少数经济基础不怎么样的人，其上层建筑却郁郁葱葱。所以，说到底人的精神与物质关系并不是很大，主要与个人的觉醒与修为有关。

2011 年之后，我家的经济环境逐渐向好，我开始思考人生的意义。我将名字解释成"马克思的马克，希望自己有些思想；马克·吐温的马克，希望自己有些智慧；德国货币马克，希望自己有些财富；我希望我的人生能在思想、智慧和财富上平衡发展"。我的工作发生了变化，我从给销售员做培训的销售培训师转型为给老板甚至是企业家做培训的总裁演讲培训师。十年间，我接触了各行各业功成名就的企业家和企二代学员，他们中有小学文化的人，也有八十年代毕业的老牌大学生，甚至还有创业的博士和浙大、上海交大、复旦及世界名校毕业的企业二代接班人。这十年，我的阅读方向也慢慢地发生了变化，我逐渐被中国传统文化吸引。因为甘愿受传统文化的熏陶，我更加关注生命的品质；也是在探索生命意义的道路上，对儒家、道家和佛家的理解逐渐深入。就这样，故纸堆里的圣贤经典和我有待唤醒的生命交相呼应，隔空赞叹，并直接孕育出我下一阶段名字的寓意。

大约在 2016 年，我三十六七岁的时候，我将"马克"解释成"一'马'当先，'克'己复礼"，这也正式标志着我找到了生命的意义和人生的终极方向。我认为"一马当先"代表着"天行健，君子以自强不息"的精神，"克己复礼"代表着"地势坤，君子以厚德载物"的意涵。下面我简单解释一下"克己复礼"四个字的意思，这四个字来自《论语》——

　　颜渊问仁。子曰："克己复礼为仁。一日克己复礼，天下归仁焉。为仁由己，而由人乎哉？"颜渊曰："请问其目？"子曰："非礼勿视，非礼勿听，非礼勿言，非礼勿动。"

"克己复礼"，简单地说就是克制自己，让自己的言行举止合乎礼。礼者，大而言之，理也，也就是自己的视听言动要合理，不合理的事就不要做。但有趣的是，就在几年前，我看到孔子的"非礼勿视，非礼勿听，非礼勿言，非礼勿动"还不太认同——这个不能动，那个不能摸，对自由限制得太多，我甚至认为孔子是迂腐的。但奇怪的是，到了三十六七岁的时候，我突然发现孔夫子的"四非"很亲切，也更能理解自由的内涵——自由是以约束为前提的，而非随着自己的妄念为所欲为。难怪有人说，男人在三十五岁以后才真正走向成熟，我也有此感觉。三十五岁以前我总像个男孩；三十五岁以后突然感觉自己像个男人。三十五岁以前总需要外面的规则管着才能正，一方面想正，一方面又讨厌孔子的约束；三十五以后自己想改变了，想变得更好，所以看到孔子的话就觉得亲切和感动。

　　在这一年，我给自己取了字与号：字水镜，号正毅中人。这一年是我生命开始觉醒的一年，也是我无限渴望提升生命品质和走向幸福自在的一年。下面我分别解释一下我的字与号。

　　水镜有六重解释。

一、我希望自己能做到如《道德经》所说"上善若水。水善利万物而不争，处众人之所恶，故几于道。居善地，心善渊，与善仁，言善信，正善治，事善能，动善时。夫唯不争，故无尤"之境界。

二、我希望自己能如水一般地"变而不变"。水的相可以是液态，也可以是气态，还可以是固态。水的用更是无处不在，无所不能的。但它的体是不变的。

三、我希望自己能如水一样淡而无味，无味而有味——君子之交淡如水——久也。

四、我希望自己的心能如《庄子》所说"至人之用心若镜，不将不迎，应而不藏，故能胜物而不伤"。

五、我希望自己能多看看镜子中的自己，是品德高尚的君子，还是自私自利的小人。

六、人生犹如水中月、镜中花，不可太执着于外在的世界。如《金刚经》所言："一切有为法，如梦幻泡影，如露亦如电，应作如是观。"所以，我们不要总想着掌控外在的世界，接人待物时说"好，好，好""行，行，行"或许比说"不好，不好，不好""不行，不行，不行"更有智慧。于是，也就不难理解三国时期名士司马水镜的"好好先生"之智慧。

正毅中人的寓意也来自传统文化。"正"来自《孟子》的"浩然正气"；"毅"来自《论语》的"刚毅木讷"；"中"来自《中庸》的"中"；"人"则希望自己成为一个真正意义上的人、人格意义上的人、生命意义上的人——大人，而非仅仅符号意义或皮相意义上的人——小人。

以上我花了这么多文字解释了我的名、字、号，抛砖引玉，希望大家也能重新诠释自己的名字，甚至给自己取字、取号，并按照名、字、号的寓意修炼自己。

回到"我是谁"的主题，很显然，名、字、号都不是"我"，都只是一个代号。同理，在生活中，人们常说我是某某的父母，我是某某的儿女，我是某某的兄弟姐妹，我是某某的朋友；工作中，我是某某的领导，我是某某的员工，我是某某的同事，我是某某的客户。其实这些也都不是真正的我，这些只是人际关系中约定俗成的标签和角色，但很多人终其一生都在这些角色和标签中打转，而忽略了对生命层面的思考和践行。

要深入探索"我"，就必须要返回到生命层面上来。就生命层面而言，我是连续不断的生命能量体，是天地的造化，我通过父母的身体来到世间而成为人。我深知成人不易，我感恩并珍惜上天的恩赐与机会，我要修炼自己，让自己成为像圣贤一样光明磊落的人。

佛家认为人是有前世今生的，人的死亡只是躯体的死亡。从这个意义上说，人是连续不断的生命能量体。佛家还有六道轮回说，此生能在人道里正是前世功德累积之果报，所以说成人不易。从科学的角度来说，亿万个精子通过激烈的竞争，独占鳌头者才有机会俘获卵子的芳心，开花结果，酝酿出呱呱坠地的新生命，所以说成人不易。当然这里所说的成人，是指成为物质意义上的人，而我更想说的是，我们要努力成为精神层面上的人——堂堂正正、无愧于天地良心的人。

中国传统文化中没有三世说，只谈今生。《论语》记载，子路问孔子关于死的话题，孔子说："未知生，焉知死？"关于生的问题，科学上认为人的生命由父母给予，而中国传统文化除了认为"身体发肤受之父母"之外，还认为天地也是我们的父母。《周易》说："乾，天也，故称乎父；坤，地也，故称乎母。"《西铭》说："乾称父，坤称母；予兹藐焉，乃混然中处。"所以人是天地的孩子。持这个观点的还有黎巴嫩诗人纪伯伦，他在《致孩子》里写道："你的孩子，其实不是你的孩子，他们是生命对自身的渴望而诞生的孩子。他们借助你来到这个世界，却并非因你而来，他们在你身旁，却并不属于你。"

第三节　本我、自我和超我

"我"是统称，细分则是本我、自我和超我。在我详细阐述之前，先做两点说明：一、这里所用的本我、自我和超我与弗洛伊德的本我、自我和超我等概念没有直接关系，只是相同的名词，请勿对号比较；二、本我是"我"之主体，自我和超我是"我"之状态。

"本我"是"我"之主体，是天赋之我，本自俱足，万法尽通。"本我"由看得见摸得着的身体构成，因此"我"有吃、喝、拉、撒、睡的生理需求。从这个意义上来说，人和猪、马、牛、羊、狗是没有任何区别的。但人和动物为何有天壤之别呢？人与人之间，甚至双胞胎之间为何也千差万别呢？因为，人的"本我"除了看得见的身体之外，还由看不见的本性、禀性、习性、知识和认知构成。正是每个人身上的禀性、习性、知识和认知及这些因素共同作用并对本性产生了不同程度的遮蔽而导致人的千差万别。

孟子说"圣人与我同类",佛家说"一念悟时,众生是佛;一念迷时,佛是众生"。圣贤给我们提供了人生的灯塔,让我们永远攀登,止于至善,让我们看见了自家的万亩良田。但很遗憾的是,人在社会上待久了,就迷失了本性,常常做出于人于己于社会都很糟糕的事情。美国做过一项匿名调查,在街头询问许多民众:"如果可以隐形,你要做什么事?"访谈结果令人惊诧——高达百分之八十的人回答:抢银行。

人的禀性是与生俱来的,所以每个人的禀赋和特点都不尽相同。人若能很好地认识自己的禀赋无疑是很幸运,越早认识越好。比方说我本人,我从小就喜欢说话,虽然被我父亲及长辈无数次打压——"大人说话,小孩不要插嘴",但禀赋在很多时候是压不住的,只要时机成熟,我善于表达的禀赋还是能显现出来。就我个人而言,我是幸运的,我将禀赋与工作结合起来,我选择了教育行业,成为一名老师。事实上,人的任何禀赋都能转变成能力和魅力,甚至还能成为相关领域的顶尖人才,正所谓"三百六十行,行行出状元"。

习性、知识和认知与学习及成长的环境密切相关,正所谓"近朱者赤,近墨者黑"。孟子的母亲深知好习性对人的重要性,三次搬家,最后搬到子思书院附近,小孟子就日复一日地接受圣人文化的熏陶,终成亚圣,这就是著名的"孟母三迁"。孟母或许是中国最早注重学区房概念的母亲,在那个年代实属难得。

如今的家长对学区房的重视程度已然不亚于孟母，但孟母的成功不仅仅是给孩子找了一个好的学区房，更是孟母的"断机教子"和后人所谓的"人生教子，志在青紫，夫人教子，志在孔子。"之精神与智慧。而如今的父母只是希望给孩子提供一个高端学区房，自己的言行举止和价值观并未成为孩子的正面楷模，甚至是反面榜样。

知识会形成认知，认知会形成气质，正所谓"腹有诗书气自华"。气质即习性的外在表现，要改变习性，最好的方法是改变知识结构；要改变知识结构，最好的办法就是学习。所以我突然明白了《论语》原来是一部劝人学习的书，难怪《论语》的第一个字就是"学"，第一句话就是"学而时习之"。

老百姓也常说："活到老，学到老。"今天的社会是信息爆炸的社会，学习比以往任何时候都显得更加重要，毫不夸张地说，"只有学到老，才能活到老"。在如此发达的网络时代，人们获取知识的途径比过去要方便千万倍，但人们的视野不是变宽了而是变窄了。表面上看，信息和知识很丰富很开放，实际上却很乏味很封闭，手机里的信息总是因人而别，很难突破阶层的壁垒。关注养生的人永远只收到养生信息，关注广场舞的人永远只收到广场舞信息，关注哲学的人永远只收到哲学知识，关注商业的人永远只收到商业知识，真验证了阳明先生的"心外无物"。智者收到智，仁者收到仁。但诗人艾特略却说："我们在信息里面失去的知识到哪里去了？我们在知识里面失去的智慧到哪里去了？"为何？请深思。

"自我"是意识和潜意识发用而呈现出来的生命状态，人人各异，但共同的特质是自私、自大、自卑和自欺。表现在结果上则是追求、追求、再追求，一追求无懈可击的安全，二追求情感面子的社交，三追求名利双收的尊重。在追求的过程中，重则受恐惧、焦虑、郁结、抱怨、愤怒等情绪的侵扰并为之所累；轻则处于寡淡、麻木甚至持人生没有意思的无感生命状态；当然偶尔也能获得短暂的快乐。总之人们就在这样的情绪起伏中，过着酸甜苦辣咸不同配比的多味人生。

当"自我"里"自私"的生命状态升起时，"我"就斤斤计较，身被撑坏，家被塞满；得之若惊，失之若惊，得失之间惊之又惊。巴尔扎克笔下的葛朗台就是自私的典型代表。

当"自我"里"自大"的生命状态升起时，"我"就喜欢用否定、指责、抱怨、愤怒、控制去伤害别人，当然也伤害了自己。电影《傲慢与偏见》中的主人公达西就是经典的自大形象。

当"自我"里"自卑"的生命状态升起时，"我"就畏首畏尾，巧言令色。皇帝身边的太监基本上都是自卑者。可悲的是，太监们被压抑的自卑有多深，在别处表现的自大就有多大，所以宦官弄权祸国殃民屡见不鲜，在很大程度上就是从自卑到自大的反弹。数据表明，很多贪官在小时候都很贫穷，因为贫穷而自卑，所以一旦掌权就报复性反弹。

当"自我"里"自欺"的生命状态升起时，"我"就一意孤行地将自私、自大、自卑发挥到极致。自欺往往能为自己的自私、自大和自卑找到借口。歪理学说千万条，正道只良知一条。事实上，大多数人每天都活在自欺中，也活在欺人中，合而言之，活在自欺欺人中。比方说，篡位者往往搞个傀儡皇帝来自欺欺人，实则为了满足自己的私欲。父母对孩子家暴时，往往以"打是疼，骂是爱"这样自欺欺人的思想撑腰，其行为的实质则暴露了自己的自私、自大和自卑。很多广告语都是自欺欺人的，谎言重复一千遍竟然变成了"真理"，但奇怪的是，人们似乎需要这样的欺骗，也愿意活在千百年被欺骗的世界里，以致成为风俗习惯，比方说"钻石恒久远，一颗永流传"。

广告里的自欺欺人可以被视为商业运作，勉强算得上是末流商道，但如果这样的自欺欺人发生于生命对生命上就有些悲哀了。在此，分享一个我经历过的过度医疗的案例。我在某三甲医院做了一个很小的去痣手术，术前一大堆检查，这是正规医院为了规避千万分之一风险而采取的标准做法，我完全能理解。很快，各项检查都做好了，第二天上手术台，很顺利，手术也做好了。离开医院时，医生刻意强调："你明天要来医院复查，主任医生亲自给你复查，手术后的第一次复查很重要，一定要过来，别忘记。"

第二天准备去复查前，我感觉自己的小伤口各方面状况都很好，于是特意打电话给医生，确认是否一定要过去。医生说"一定要过来"，再加上一顿恐吓，我便乖乖地去复查了。我开了将近一个小时的车才赶到医院，马不停蹄地挂了个专家号，排队进到专家诊室。给我做手术的医生就坐在专家老师的后面，我还没来得及坐下，专家医生只抬头看了我一眼就说："伤口恢复得还不错，我给你开点药，到楼下药店去买吧。"他并未在医院专用单而是在小纸片上写了个药品名称。我将信将疑，专家医生鼓励我："赶快去买吧，然后上来，我教你怎么用药。"屈从于权威的力量，我带着并不乐意的心情跑到楼下药店去买药。当看到收银员打出来的药品价格时，我几乎不敢相信——这么小小的一盒药竟然要314元。我拿在手上摇了摇，第一感觉很粗糙，绝对不值三百多元，真不想买了。但我仔细一想，这么大老远都跑过来了，不能就这么回去吧，况且要真出点啥问题，也会给医生留下口实。鬼使神差，我就付钱购买了，打开一看，真是是可忍孰不可忍——里面一共三样东西，一个大概只有10毫升的消毒水喷雾瓶子，一个大概只有5毫升的装有伤口愈合涂抹膏的注射器，还有一盒棉签。两个小瓶子上的标签都贴歪了，实在是太粗糙了。我目测一下，成本不超过30元，但他们却卖三百多元，实在令人发指。

我带着极度怀疑甚至有些愤怒的感觉回到专家诊室，专家都没看我一眼，给我做手术的助理医生就将我带到清创室，教我如何使用。我带着尽量尊重又有些讽刺的语气对她说："这药太贵了吧，有些过度医疗啊。"她麻木地连眼皮都不抬一下，心虚又大方地说："我认为不贵，中国人要转变消费观念，一件衣服几千块都不嫌贵，一台车几百万都不嫌贵，在医院花点钱怎么就贵了，狗挂个号还要三四百元……"

哀哉！能听得出她的价值观已经完全扭曲了。医生研究的领域属于自然科学，从大学到工作，似乎都缺了些人文关怀的学习和思考。在很多医生眼中，病人只是病人，和他们学习时的塑料模特没啥区别，看病只是工作，只是谋生的手段，这不得不说，此心已死，哀莫大于斯。

衡量世界的尺度有三个，从低到高，分别是法律的尺度、道德的尺度和良知的尺度。回到刚才的案例，那位医生是以法律和道德的尺度来要求自己，所以做出了欺瞒良知的事情——让我大老远跑去医院，让我挂专家号，让我买可买可不买的荒唐药。想赚钱的自私蒙蔽了她的良知，满脑子自欺欺人的歪理邪说支持了她的自私。当我指出这药太贵和过度医疗时，自大和自卑在她身上同时运行。其实她的内心也有些惭愧，但她引导自己做横向比较，她想象自己十年寒窗的苦涩，她想象自己硕博考试的艰难，她想象自己的收入甚至还不如路边卖早点的阿姨，这些横向比较让她越比越不平衡，这些不平衡越来越支持她肆无忌惮地对待病人。

这位医生只是各行各业从业者的一个缩影，这是一个相当悲哀的时代，生在其中的大多数人很难不受污染。老子在《道德经》中说："不见可欲，使民心不乱。"在一个人心已乱、物欲横流、心已发狂的世界里，唯有修身，唯有人人都能擦亮、点亮、举起心中良知的明灯，才是自我救赎的正道，这也是我写这本书的初心。

从严格意义上说，这就是一个自欺欺人的世界，尤其在今天这样一个过度包装的移动互联网时代，斜杠青年和斜杠中年无处不在，朋友圈个个活得很潇洒很智慧，而现实生活却过得很艰难很糊涂。人们欺骗别人通常分两种：一、有心欺骗，这要看出发点是善还是恶，如果出发点是恶，这样的人就无可救药了；如果出发点是善，在某种情况下也是人情世故之需要。二、无心欺骗，是自己先把自己欺骗了，把歪理邪说当作正知正见，并去宣传这些歪理邪说，当然也就在不知不觉中欺人了。

《红楼梦》中那副有名的对联真有先见之明假作真时真亦假，无为有处有还无——好一个太虚幻境啊。《大学》告诫我们"毋自欺也"，如何做到不自欺？答案是："如恶恶臭，如好好色。"

人们常说某某不好相处，因为很自我，其实就是说某某的自私、自大、自卑和自欺共同塑造了某某很自我的生命状态，很多时候这是一种伤人又伤己的生命状态。大多数鸡飞狗跳的人生，从根源上说都是自我在作怪。于是人们不断修炼自我，增加知识，扩大认知，改变习性，貌似有所改观，也确实有所改观，但关键时刻依然无法摆脱情绪的困扰。为何？因为无论如何修炼自我，人都无法摆脱自我本身的二元对立之最根本的局限。正是自我世界里的是非对错、善恶美丑、大小多少、高低贵贱等二元对立与冲撞，人们才经常被糟糕的情绪所困扰。要彻底摆脱情绪的困扰，就必须脱离自我反应模式并进入超我感应模式。但很遗憾的是，越聪明的人就越容易进入自我反应模式，弄得世界乌烟瘴气，弄得自己苦不堪言，正所谓聪明反被聪明误。相反，那些未被世界污染或大智若愚的人反而能启动超我感应模式，并获得幸福自在的生命状态。西方有句谚语："人类在思考，上帝就发笑。"为何？人类的思考就是自我在发用，西方所谓的上帝视角、东方所谓的佛圣视角就是超我在发用。超我是最高的生命境界——超越自我、小我，抵达大我甚至大而无外的无我之境。换句话说，生命的最高境界是超越。

"超我"是心灵呈现出来的生命状态，人人相同，都是真心发用，即恻隐之心、羞恶之心、恭敬之心和是非之心的发用。表现在为人处事的结果上，不一定合于品德但一定合于道德，不一定合于人情但一定合乎事理。但只有未被世界污染或自我需求已实现并已超越自我、返璞归真的人才能抵达这种超我之生命状态。如果人每时每刻都达到超我的生命状态，也就达到孔夫子所说的"从心所欲，不逾矩"之自在圆满的境界。

说到底，我是谁？我＝本我＋自我＋超我。[①]学习的目的就是要认识本我，放下自我，抵达超我，唯有如此才不辜负"我"。最后，我用阳明先生的"无善无恶心之体，有善有恶意之动，知善知恶是良知，为善去恶是格物"来总结如何修炼"我"。修炼"我"那有善有恶的习性，认知"我"那有善有恶的禀性，回归"我"那无善无恶、知善知恶、善恶分明的本性，并顺着本性去为善去恶——这就是格物。物格而后知至，知至而后意诚，意诚而后心正，心正而后身修，身修而后家齐，家齐而后国治，国治而后天下平。

---

　　① 见书后的彩插。

第二章　修炼身心

第一节　修身要持敬

孟子说："恭敬之心，礼也。"所谓"持敬"，就是要求每时每刻都能依礼行事，亦是孔子所谓"非礼勿视，非礼勿听，非礼勿言，非礼勿动"。因此能做到"敬"是很难的，就算曾国藩这样近似完人的人也很难做到，他说："敬字恒字二端是彻始彻终的功夫。鄙人平生欠此二字，至今老而无成，深自悔恨。"

曾创办两家世界五百强并成功拯救日本航空的日本知名企业家稻盛和夫先生有句名言叫"敬天爱人"，他是当今商界第一个将哲学和企业经营结合起来的企业家。国学大师季羡林先生说："根据我七八十年来的观察，既是企业家又是哲学家，一身而二任的人，简直如凤毛麟角，有之自稻盛和夫先生始。"稻盛和夫先生儒佛双修，兼容并蓄，将生命哲学融入商业经营，创造了几乎难以超越的商业神话，"敬天爱人"的哲学观点更是令人感动，也是他成功的关键。

今人修身难于有成，最大的障碍就是缺乏敬畏心。近代科技的发展，尤其是基因技术、人工智能等技术的进步让人类越来越狂妄，动不动就要改造世界。而事实上，这些技术有可能让人类自食苦果。《道德经》云："常有司杀者杀，夫代司杀者杀，是谓代大匠斫。夫代大匠斫者，希有不伤其手矣。"这样的忠告今人应该要听进去，否则一定会"自伤其手"。

很多时候，人们因为无知而不知敬畏，正所谓无知而无畏，哀哉。我常在想，如果那些信口开河的"老师"知道由于自己某一句大话可能会导致某个听者毁灭式的人生，他们一定不会这么讲。如果某位前中国首富知道他的那句"清大北大不如胆大"会害死很多本来就想铤而走险的小老板们，他一定不会这么说。由此可见，缺乏敬畏心的根源在于缺乏真正的智慧，而真正的智慧一定是仁，正所谓智者必怀仁，仁者必有敬。

修身的前提是敬畏，对天地敬畏，对大自然一草一木敬畏。人类总是用小聪明在思考问题，总是用分别心在看待世界，总认为自己是万物之主，总认为自己比万物高一等，其实这是无知而可笑的。《道德经》云："天地不仁，以万物为刍狗。"《西铭》云："民吾同胞，物吾与也。"事实上，人要修炼的就是这份清净平等心。唯有从内心深处拥有这份万物同体的觉悟，我们才能从内心深处生出敬畏心和慈悲心。仅仅有敬畏心还不够，还要时时保持敬畏心，也就是持敬，如此方能修身有成。我总结儒家对敬畏和持敬的一些观点，供大家学习。

　　子曰："今之孝者，是谓能养。至于犬马，皆能有养。不敬，何以别乎？"

子曰："晏平仲善与人交，久而敬之。"

子曰："事君，敬其事而后其食。"

子曰："务民之义，敬鬼神而远之，可谓知矣。"

仲弓问子桑伯子。子曰："可也，简。"仲弓曰："居敬而行简，以临其民，不亦可乎？居简而行简，无乃大简乎？"

祭如在，祭神如神在。子曰："吾不与祭，如不祭。"

子曰："出门如见大宾，使民如承大祭。"

君子无众寡，无小大，无敢慢。

程明道："一敬可以胜百邪……毋不敬，可以对越上帝。"

程伊川："入道莫如敬，未有能致知而不在敬者。"

程伊川："人之于仪形，有是持养者，有是修饰者。"

朱晦翁："以敬为主，则内外肃然，不忘不助而心自存。"

曾涤生："敬以持恭，恕以待人，敬则小心翼翼，事无巨细，皆不敢忽。"

曾涤生："主敬者，外而整齐严肃，内而专静纯一，齐庄不懈，故身强……敬字切近之效，尤在能固人肌肤之会，筋骸之束……若人无众寡，事无大小，一一恭敬，不敢懒慢，则身体之强健，又可疑乎？"

第二节　修身的关键——立志

有了敬畏心依然还不能修身大成，要想修身大成，必须立志——立圣贤之志。很多人自暴自弃，不相信自己能成圣成贤，持如此认识，修身也难见效果。所以孟子说："自暴者，不可与有言也；自弃者，不可与有为也。言非礼义，谓之自暴也；吾身不能居仁由义，谓之自弃也。"

修身的关键是立志。如果人不立成圣成贤之志，就算敲碎木鱼也白搭，就算读破经书也枉然。如果你真能立志，那么工厂就是道场，工作就是修身，阳明先生谓之"事上磨"。如果你本着怀疑一切或自暴自弃的思维，那修身或许不是你该探索的生命之道。

谈到"立志"，有三个场景让我记忆清晰。

场景一：在八九岁的时候，我爱玩，不爱读书，父母常常对我说一句话："有志者立长志，无志者常立志。"这句话听得我耳朵都起茧了，幼小的我在朦胧中知道了"立志"这个词。

场景二：十七八岁读高中的时候，一次做语文试卷，有个填空题令我印象深刻："有志者事竟成，破釜沉舟，百二秦关终属楚；苦心人天不负，卧薪尝胆，三千越甲可吞吴。"这句话从此走进我的世界，让我更深刻地理解了立志是成功的关键。

场景三：在我三十二三岁的时候，有一次，我在河南和一位喜欢舞文弄墨的五十多岁的诗歌爱好者吃饭。席间畅聊，说到我家乡的名人李鸿章。年轻的李鸿章从合肥到京城闯天下，曾写过一首豪情万丈的诗："丈夫只手把吴钩，意气高于百尺楼。一万年来谁著史，八千里外欲封侯。"他动情地背诵着，我仿佛看到这位五十多岁将要退休的人心底似乎未曾熄灭却早已荡然无存的少年志向。此刻，我也联想到毛泽东离开家乡时改写的那首立志诗："男儿立志出乡关，学不成名誓不还；埋骨何须桑梓地，人生何处不青山。"我还想到了周恩来在南开中学读书时说的那句"为中华之崛起而读书"的立志名言，这是何等气势恢宏的志向和决心。

这三个场景中，第一个让我知道了"立志"这个词；第二个让我立志考大学，否则就要做农民，面朝黄土背朝天；第三个让我为混世不立志的人感到可惜。谈到高远的志向，每个人心中都有自己高大的偶像，有的人是科学家钱学森，有的人是企业家任正非……若论志向的至高至远，则非古圣先贤莫属。明朝邹聚所曾说："若不是必为圣人之志，亦不是立志。"可见，先儒对志向的定义多么严苛。

很遗憾，如今人们一谈到志向，满嘴都是名利。企业老板们一谈到志向，就是把企业干到十亿、百亿、千亿或上市。学生们在十多年的考试竞争环境中成长，人生志向已所剩无几，另一方面我们也常听到爷爷奶奶们对孙子孙女说："好好读书，长大当官做老板，赚钱给爷爷奶奶买好吃的。"孩子们就在这样的教化中一天天长大，更遗憾的是，父母们宁愿把孩子送去补习数学、英语，也不让孩子学圣贤文化。甚至有的父母说："圣贤能当饭吃吗？""学圣贤能考上大学吗？""成为圣贤太难了，我的孩子只是普通的孩子。"我完全能理解父母的想法，但这样的认知能培养出优秀的孩子吗？就算是真的培养出所谓优秀的孩子，又如何确保孩子持续健康地发展呢？

以我自己为例，来说说我对人生的体悟。我的职业生涯从营销学开始并得到发展，通过 20 年的工作和打拼，在营销学的武装下，我在职场上也算如鱼得水，我和我的家庭也因此过上了还算不错的物质生活。但随之而来的是，我找不到人生的方向，不知道为什么要奋斗。有段时间，我过得很麻木，甚至很惶恐，我觉察到自己就像落叶一样，随风飘荡。

我到底怎么了？我不断探索和寻找生命的意义，我越来越确认，优越的吃喝玩乐不能给我带来心灵的满足，优美的音乐和远方的山水也只是给我带来短暂的快乐，但那不是生命之乐和真正的幸福。

美国社会心理学家亚伯拉罕·马斯洛先生的"需求层次理论"，很好地给我指明了方向——我已越过了生理需求；我的吃穿住用行也比较安全；我甚至还拥有一些用于交际的国际奢侈品牌；我是老师，也很受人尊重。但这一切都不能让我幸福，唯有"自我实现"才能让我幸福，这也是马斯洛先生所说的人生之最高追求。

马斯洛先生为我指明了人生的方向，至少让我知道了我处于哪个阶段，什么是我不想要的，什么是我想追求的，但我依然找不到生命的终极意义并为之一辈子努力而无憾的东西。幸哉，我生在中国；幸哉，我学习了中国传统文化。春秋战国时期的孔子、曾子、子思和孟子，宋朝的范仲淹、周敦颐、程颢、程颐、张载、邵雍、朱熹和陆九渊，明清时期的陈白沙、王阳明、王船山、顾炎武和曾国藩，甚至梁启超、梁漱溟等先生都曾给过我巨大的力量。当然，除了这些儒家思想之外，佛家思想以及老子和庄子的道家思想也给过我很多生命的养分。

我如饥似渴地翻阅着古圣先儒们的著作，发现他们无不用巨大的篇幅讲立志，我摘抄一些供朋友们参考，希望能点亮有缘的读者。

读到《礼记·大学》的"大学之道，在明明德，在亲民，在止于至善"，我想到了孔子所说的"志于道，据于德，依于仁，游于艺"。

读到顾炎武的"天下兴亡，匹夫有责"，我想到曾子的"士不可以不弘毅，任重而道远"。

读到孟子的"先立乎其大者，则其小者不能夺也"，我想到了这句话正是治愈孩子们沉溺游戏的一副良药。为什么这么说呢？因为，孩子们未立乎其大，于是就被小者（游戏）所夺。所以我对孟子的话稍加备注，送给为孩子玩游戏而伤透脑筋的父母们："先立乎其大者（高远志向），则其小者（游戏）不能夺也。"也即：立志的孩子是不会为游戏所困的。

读到程颐的"言学便以道为志，言人便以圣为志"，我想到了他的学生谢良佐的"人先须立志，立志则有根本。譬如树木，须先有个根本，然后培养能成合抱之木"。这是何等的一脉相传啊。

读到朱熹的"书不记，熟读可记；义不精，细思可精。惟有志不立，直是无着力处。只如而今贪利禄而不贪道义，要做

25

贵人而不要做好人，皆是志不立之病"，我想到了他的辩友陆象山的"人要有大志，常人汩没于声色富贵间，良心善性都蒙蔽了。今人如何便解有志，须先有智识始得"。象山先生还说："宇宙便是吾心，吾心即是宇宙……宇宙内事乃己分内事，己分内事乃宇宙内事。"这是何等高大悠远的生命气象啊。

读到陈白沙的《禽兽说》："人具七尺之躯，除了此心此理，便无可贵。浑是一包浓血裹一大块骨头。饥能食，渴能饮，能着衣服，能行淫欲。贫贱而思富贵，富贵而贪权势，忿而争，忧而悲，穷则滥，乐则淫。凡百所为，一信气血，老死而后已，则命之曰'禽兽'可也。"我想到了臧克家所说："有的人活着，他已经死了；有的人死了，他还活着。"事实上，陈白沙和臧克家只是在用各自的文字解释中国的一个成语——行尸走肉。

此外，阳明先生还说出了很多让我茅塞顿开、使我常常涵养于其中的立志名言，我摘抄如下，供有缘的读者朋友反复体悟。

读到"志于道德者，功名不足以累其心；志于功名者，富贵不足以累其心"，我感慨，今人大多志于富贵，只要能赚钱，无所不用其极。

读到"立志者，为学之心也；为学者，立志之事也"和"自古及今，有志而无成者则有之，未有无志而能有成者也"，我更加确信立志的意义。

读到"持志如心痛，一心在痛上，岂有功夫说闲话、管闲事"，我想到了孔子的"赐也贤乎哉？夫我则不暇"。是呀，人生的很多烦恼就是爱管别人的闲事所导致，而事实上，真正立志的人只会管自己的事，哪有时间管别人呢？

　　读到"志不立，则天下无可成之事，虽百工技艺，未有不本于志者；今学者旷废隳惰，玩岁愒时，而百无所成，皆由于志之未立耳。故立志而圣，则圣矣；立志而贤，则贤矣。志不立，如无舵之舟，无衔之马，漂荡奔逸……"我想到了邹聚所的"凡功夫有间，只是志未立得起，然志不是凡志，须是必为圣人之志。若不是必为圣人之志，亦不是立志……你只去责志，如一毫私欲之萌，只责此志不立，则私欲自退听"。可见先儒要人立圣贤之志是代代相传的。

　　与生命相比，赚钱做事业、享受生活都是枝叶，志存高远才是深层次的生命之根。生命之根不牢固，生活和事业的枝叶能长久茂盛吗？所以我认为人应该要立三个志向：第一，立生命之志，做个干净的人，做个有人格的人，做个光明磊落的人，做个志向高远的人。第二，立生活之志，组建一个和谐的家庭，家不仅仅是房子，不仅仅是电器和吃穿住用的场所；家和万事兴才是亘古不变的道理，任何时候都请不要怀疑。第三，立事业之志，作为老板，要立志让员工在公司更有成就感，让客户从产品和服务中受益，让公司更强大，让股东得到更好的回报，甚至要想方设法让行业更健康、更持续地发展。

　　上面所说的三个志向都是人生之根——生命之志是主根，生活之志和事业之志是副根，有主根的人必定有两个副根。而现实生活中，很多人只有一株副根，或拼命赚钱做事业而不顾家庭，或安于平淡过日子而懈怠工作，这都是不平衡的人生。事实上，不立主根的人很少能将此二者平衡起来。所以我才如此强调志存高远——以生命之志统御生活之志和事业之志。放眼望去，没有生命之志的人，其生活之志只是"盲目地购买"，其事业之志也只是"茫然地赚钱"。

人的世界由精神和物质构成，立生命之志就是立精神，立生活之志和工作之志就是立物质。"为富不仁者"说的是精神贫瘠的富人，"不受嗟来之食者"说的是精神丰富的穷人。所以，无论物质的贫穷与富有，人都是要有些精神的。事实上，没有生命之志的人，看书也只是增加一些吹牛的台词罢了；没有生命之志的人，旅游也只是拍了一些相片，发了一些朋友圈，增加一些可以用来炫耀的图片和视频而已。唯有立志存高远的生命之志，才不枉此生，且无关乎世俗标准的成功与失败。

我的志向是长期在圣贤文化中浸润出来的，谈到读圣贤书，《礼记·大学》是我首推之文，此文最能开阔人的生命气象。尤其是其开篇的 215 个字，我摘录在此，供有缘的读者反复诵读，希望这些高能文字能助你在未来的某时某刻茅塞顿开，那种生命的喜悦将是无与伦比的。

> 大学之道，在明明德，在亲民，在止于至善。知止而后有定，定而后能静，静而后能安，安而后能虑，虑而后能得。物有本末，事有终始，知所先后，则近道矣。
>
> 古之欲明明德于天下者，先治其国；欲治其国者，先齐其家；欲齐其家者，先修其身；欲修其身者，先正其心；欲正其心者，先诚其意；欲诚其意者，先致其知。致知在格物，物格而后知至，知至而后意诚，意诚而后心正，

心正而后身修，身修而后家齐，家齐而后国治，国治而后天下平。

自天子以至于庶人，一是皆以修身为本，其本乱而末治者，否矣；其所厚者薄，而其所薄者厚，未之有也。此谓知本，此谓知之至也。

我不但自己学习这段文字，还带着我的孩子学习，我儿子在三四岁的时候就会背这段文字，虽然不懂，但我们可以交流。有一次喊他吃饭，他正欲罢不能地看动画片，我就和他说这段文字里的一句话"知所先后，则近道矣"，然后再问他"看电视和吃饭哪个先，哪个后"，孩子自知理亏，更能明白我的意思，很快就关掉电视，沟通起来很愉快。

如果要再推荐一本圣贤经典，那当然是《论语》。《论语》永远是那么通俗易懂，亲切亲民，小学生也能读得不亦乐乎；《论语》又永远是那么仰之弥高、钻之弥坚，博士生也读得扑朔迷离。下面我将《论语》《孟子》中关于"志"的文字摘抄如下，供有缘的读者反复朗读，期待有朝一日，你也能立其大本——敢立圣贤之志。

子曰："志于道，据于德，依于仁，游于艺。"

子曰："士志于道，而耻恶衣恶食者，未足与议也。"

子曰："苟志于仁矣，无恶也。"

颜渊、季路侍。子曰："盍各言尔志。"子路曰："愿车马衣裘，与朋友共，敝之而无憾。"颜渊曰："愿无伐善，无施劳。"子路曰："愿闻子之志。"子曰："老者安之，朋友信之，少者怀之。"

子曰："三军可夺帅也，匹夫不可夺志也。"

子夏曰："博学而笃志，切问而近思，仁在其中矣。"

孟子曰："不得于心，勿求于气，可；不得于言，勿求于心，不可。夫志，气之帅也；气，体之充也。夫志至焉，气次焉，故曰：持其志，无暴其气。"

孟子曰："志壹则动气，气壹则动志也。今夫蹶者、趋者，是气也，而反动其心。"

孟子曰："居天下之广居，立天下之正位，行天下之大道；得志与民由之，不得志独行其道。富贵不能淫，贫贱不能移，威武不能屈，此之谓大丈夫。"

孟子曰："今之欲王者，犹七年之病求三年之艾也。苟为不畜，终身不得。苟不志于仁，终身忧辱，以陷于死亡。"

孟子曰："君子之事君也，务引其君以当道，志于仁而已。"

孟子曰："今之事君者皆曰：'我能为君辟土地，充府库。'今之所谓良臣，古之所谓民贼也。君不乡道，不志于仁，而求富之，是富桀也。'我能为君约与国，战必克。'今之所谓良臣，古之所谓民贼也。君不乡道，不志于仁，而求为之强战，是辅桀也。由今之道，无变今之俗，虽与之天下，不能一朝居也。"

孟子曰："尊德乐义，则可以嚣嚣矣。故士穷不失义，达不离道。穷不失义，故士得己焉；达不离道，故民不失望焉。古之人，得志，泽加于民；不得志，修身见于世。穷则独善其身，达则兼善天下。"

孟子曰："孔子登东山而小鲁，登泰山而小天下。故观于海者难为水，游于圣人之门者难为言。观水有术，必观其澜。日月有明，容光必照焉。流水之为物也，不盈科不行；君子之志于道也，不成章不达。"

孟子曰："有伊尹之志，则可；无伊尹之志，则篡也。"

王子垫问曰："士何事？"孟子曰："尚志。"曰："何谓尚志？"曰："仁义而已矣。杀一无罪，非仁也；非其有而取之，非义也。居恶在？仁是也；路恶在？义是也。居仁由义，大人之事备矣。"

孟子曰："说大人，则藐之，勿视其巍巍然。堂高数仞，榱题数尺，我得志，弗为也；食前方丈，侍妾数百人，我得志，弗为也；般乐饮酒，驱骋田猎，后车千乘，我得志，弗为也。在彼者，皆我所不为也；在我者，皆古之制也。吾何畏彼哉？"

所以，要想修身，最为关键的就是立志，一个志存高远的人哪有时间关注那些鸡毛蒜皮的事呢？相反，如果一个人每天都关注那些鸡毛蒜皮的事，又怎能志存高远呢？同样，欲练就光明的人格，也非要志存高远不可。愿圣贤的经典能点亮你本来就明亮却被滚滚红尘污染的心和志。

第三节　修身的路径——勤学、改过、责善

一、修身路径之"勤学"

"学"在许慎的《说文解字》里被解读成"觉悟"，所以"勤学"的意思就是经常觉察、反省和体悟。从这个意义上说，所有的学习都是手段，其目的是觉悟，当然这是从体的意义上谈学。从用的意义上谈学就更广了，博之以文，约之以礼，学而不厌都是勤学，下面从这三个方面来详细阐述勤学。

博之以文。子夏说"博学而笃志"，这句话可以做两重理解：其一，博学之后才知道志向；其二，有了志向后才会博学。无论怎样理解，博学与笃志都是分不开的。我更认同的观点是先培根，也就是先"志存高远"，再"博之以文"；否则，就算读破万卷书，也只是个活百度和四角书橱，除了说几句别人听不懂的话来找点存在感或博得一些无知者的掌声外，我看不出对生命有什么意义。

从事业经营的角度来说，企业的领导者应该建立学习型组织，用学习武装全体员工的头脑。企业员工的学习，不外乎两个方面：一是学怎么做事，这是技术专业类学习，做一个技术过硬的人，就像德国和日本的技术工人；二是学怎么做人，做一个仁义礼智信的人，做一个温良恭俭让的人。

从孩子教育的方面来说，我提倡用"修身齐家治国平天

下"的儒家文化巩固孩子的根本。孩子有了根本，就像树有了根，风筝有了线，这样即便孩子出国留学，也自然懂得落叶归根。但遗憾的是，很多父母努力赚钱把孩子送到国外，却造就了两种局面：第一，成功地培养了一个异国他乡的二三等公民；第二，成功地让自己和孩子天各一方。虽说当今是全球化时代，但这样的现象真的不容质疑吗？值得深思！

人们常说"开卷有益"，但不知道这句话是专门针对有根之人而言的，对无根之人无所谓有益与无益。我常对孩子说："爸爸希望你能培养多种兴趣，阅读、弹琴、绘画、书法、唱歌、运动等。但如果你实在不喜欢，我都能理解，甚至能接受你的大多数不喜欢。但有两个选项，我是不和你谈判的：一是阅读，二是运动。前者增强你的思想，后者强壮你的身体。如果再缩小范围，二选一，我建议你选择阅读。"从广义上说，阅读就是博之以文，从我内心深处说，我希望孩子学儒家培根固本，再广泛阅读，这才是真正的开卷有益。

《论语》中有几句与"文"有关的语录，欢迎大家朗读。

子贡问曰："孔文子何以谓之'文'也？"子曰："敏而好学，不耻下问，是以谓之'文'也。"

子以四教：文、行、忠、信。

曾子曰："君子以文会友，以友辅仁。"

约之以礼。人与人之间要以礼相待，这个"礼"绝不是所谓的商务礼仪套路，而是发自真心地对人的尊重，对其视听言动的尊重，时间上的尊重，习惯上的尊重，信仰上的尊重（包括无信仰的尊重），更重要的是对人格的尊重。它涉及工作和生活的方方面面，所以《论语》称"不知礼，无以立也"，说的就是这个道理。

中国的孝悌文化讲"父慈子孝，兄友弟恭"，君臣之间讲"君使臣以礼，臣事君以忠"，夫妻之间讲"相敬如宾"，这都是约之以礼。但在西风东进的今天，在媒体呼吁西方式自由平等的当下，中国的孩子们已经被呼吁得没大没小，无法无天，甚至爬到父母、爷爷奶奶的头上去了。

男人本应像山，女人本应似水。可如今，小男孩在嗲声嗲气的明星的影响下，已缺乏山的阳刚；女人在男女平等口号的武装下，也变得更强悍，水的灵秀也慢慢消失了。甚至，社会的审美也在悄悄地发生变化，很多年轻人变得男不男、女不女，阴不阴、阳不阳，被誉为"中性美"，再加上同性恋及变性人的增多，传统之"礼"正面临巨大的挑战。更可怕的是，过去的男耕女织被彻底打破后，男女都变得更强势，遇到矛盾时，夫妻双方互不相让，家庭矛盾一触即发。夫妻双方都要证明自己的价值，各自投入所谓的事业，家庭成了旅馆，孩子成了路人，保姆比父母还亲。各类家庭问题层出不穷，离婚更是家常便饭，殊不知，这都是礼之缺失所导致的社会问题。

不要灰心，不要丧气，活着就有问题，有问题就要解决，解决问题从我做起。请坚信"我"是一切问题的根源，智者会努力创造美好的结果，并允许最坏情况的发生；智者会放下对外在物质世界的过分追求和头脑里习以为常的执念，返回本心，从我做起，影响周遭的世界。请坚信"我"是一切问题的根源：家庭的问题、公司的问题，都是"我"的问题。解决方案是从"礼"做起，对员工、爱人、孩子、父母、兄弟和朋友，都要做到发乎真心地"以礼相待，以和为贵"。

"礼"是文明的另一种表述。今天，中国的物质文明高速发展，而精神文明却相对滞后。我忧心忡忡地写下下面令人尴尬的场景，希望唤醒人们采取切实有效的行动来对抗"无礼"。

我站在红绿灯路口，看到一个七十岁左右的老人无视红灯，横穿马路，混迹在车流中。我叹息道："哎，他或许是文盲吧，或许真的不知道'红灯停，绿灯行'的规则，等到下一代或许就会好一些。"我还没回过神，我的左边便有几个二十多岁打扮时髦的年轻人"嗖嗖嗖"地闯着红灯，扬长而去……哎，真是"乌合之众""羊群效应"啊，顿时一阵悲凉涌上心头。突然，我的右边，两个三十岁模样的父母并排骑着电瓶车载着孩子，在聊天中视红灯如无物，估计他们是接孩子放学回家吧。我只能又是一声哀叹："可怜又可恨的人啊，就算你不爱惜自己的生命，也要爱惜你的孩子吧！"

每当我看到任凭狗在路边随意拉大便的遛狗市民时，我就会想，到底是他们在遛狗，还是狗在遛他们呢？每当我看到那些麻木的市民将散发着腐臭味的垃圾放在自家门口（污染隔壁邻居）、楼道口（污染一层楼），致使整个环境臭气熏天时，我就会想，他们也不是坏人，只是无知。每当我看到同胞们随地吐痰、乱扔包装盒、乱丢烟蒂、大声喧哗、随意停车、涂鸦刻画、开车压线、随意变道、按着不必要的大喇叭、开着不必要的远光灯……我就在想，他们也不是坏人，只是无知——不知礼。

《论语》《孟子》中有很多与"礼"有关的语录，我分享如下，请读者朋友反复朗读，让自己浸润在经典中，慢慢地，自己也就成了经典。

有子曰："礼之用，和为贵。先王之道，斯为美，小大由之，有所不行。知和而和，不以礼节之，亦不可行也。"

有子曰："信近于义，言可复也。恭近于礼，远耻辱也。"

子贡曰："贫而无谄，富而无骄，何如？"子曰："可也。未若贫而乐，富而好礼者也。"

子曰："道之以政，齐之以刑，民免而无耻。道之以德，齐之以礼，有耻且格。"

子曰："人而不仁，如礼何？人而不仁，如乐何？"

林放问礼之本。子曰："大哉问！礼，与其奢也，宁俭；丧，与其易也，宁戚。"

子夏问曰："'巧笑倩兮，美目盼兮，素以为绚兮'，何谓也？"子曰："绘事后素。"曰："礼后乎？"子曰："起予者商也，始可与言《诗》已矣。"

子入太庙，每事问。或曰："孰谓鄹人之子知礼乎？入太庙，每事问。"子闻之，曰："是礼也。"

子贡欲去告朔之饩羊。子曰："赐也！尔爱其羊，我爱其礼。"

子曰："事君尽礼，人以为谄也。"

定公问："君使臣，臣事君，如之何？"孔子对曰："君使臣以礼，臣事君以忠。"

子曰："居上不宽，为礼不敬，临丧不哀，吾何以观之哉？"

子曰："能以礼让为国乎？何有？不能以礼让为国，如礼何？"

子曰："君子博学于文，约之以礼，亦可以弗畔矣夫！"

子曰："恭而无礼则劳，慎而无礼则葸，勇而无礼则乱，直而无礼则绞。君子笃于亲，则民兴于仁；故旧不遗，则民不偷。"

子曰："兴于《诗》，立于礼，成于乐。"

子曰："麻冕，礼也；今也纯，俭，吾从众。拜下，礼也；今拜乎上，泰也。虽违众，吾从下。"

子曰："先进于礼乐，野人也；后进于礼乐，君子也。如用之，则吾从先进。"

颜渊问仁。子曰："克己复礼为仁。一日克己复礼，天下归仁焉。为仁由己，而由人乎哉？"颜渊曰："请问其目？"子曰："非礼勿视，非礼勿听，非礼勿言，非礼勿动。"颜渊曰："回虽不敏，请事斯语矣。"

子曰："上好礼，则民易使也。"

子曰："君子义以为质，礼以行之，孙以出之，信以成之。君子哉！"

子曰："知及之，仁不能守之，虽得之，必失之。知及之，仁能守之，不庄以莅之，则民不敬。知及之，仁能守之，庄以莅之，动之不以礼，未善也。"

子曰："礼云礼云，玉帛云乎哉？乐云乐云，钟鼓云乎哉？"

孔子曰："不知命，无以为君子也；不知礼，无以立也；不知言，无以知人也。"

孟子曰："上无礼，下无学，贼民兴，丧无日矣。"

孟子曰："嫂溺不援，是豺狼也。男女授受不亲，礼也；嫂溺，援之以手者，权也。"

孟子曰："非礼之礼，非义之义，大人弗为。"

孟子曰："君子所以异于人者，以其存心也。君子以仁存心，以礼存心。仁者爱人，有礼者敬人。爱人者，人恒爱之；敬人者，人恒敬之。有人于此，其待我以横逆，则君子必自反也：我必不仁也，必无礼也，此物奚宜至哉！其自反而仁矣，自反而有礼矣，其横逆由是也，君子必自反也：我必不忠。自反而忠矣，其横逆由是也，君子曰：'此亦妄人也已矣！如此则与禽兽奚择哉！于禽兽又何难焉！'是故，君子有终身之忧，无一朝之患也。"

孟子曰："夫义，路也；礼，门也。惟君子能由是路，出入是门也。诗云：'周道如砥，其直如矢；君子所履，小人所视。'"

孟子曰："恻隐之心，人皆有之；羞恶之心，人皆有之；恭敬之心，人皆有之；是非之心，人皆有之。恻隐之心，仁也；羞恶之心，义也；恭敬之心，礼也；是非之心，智也。仁义礼智，非由外铄我也，我固有之也，弗思耳矣。
故曰：'求则得之，舍则失之。'或相倍蓰而无算者，不能尽
其才者也。"

　　孟子曰："爱人不亲，反其仁；治人不治，反其智；礼
人不答，反其敬。行有不得者皆反求诸己，其身正而天下
归之。诗云：'永言配命，自求多福。'"

学而不厌。子曰："默而识之，学而不厌，诲人不倦，何有
于我哉？"按照孔子的说法，他除了这三点就没啥值得说的了。
这虽是孔子的谦虚之说，但好学确实是孔子之所以伟大的最重
要原因。孔子还说过："十室之邑，必有忠信如丘者焉，不如丘
之好学也。"意思是："只有十户人家居住的小地方，也一定会有
和我一样忠心与诚信的人，只不过没有像我一样爱学习罢了。"
他老人家还说过："发愤忘食，乐以忘忧，不知老之将至云尔。"
意思是："发愤学习得连吃饭都忘了，快乐高兴得把一切忧虑都
忘了，连自己快要老了都不知道，如此而已。"

　　如何做到学而不厌呢？第一，学自己擅长的；第二，学自
己感兴趣的；第三，学有用的。找到自己擅长的和感兴趣的需
要运气和智慧，很多人一辈子都没找到自己擅长的，那也不必
抱怨，就学点有用的吧。虽然这是功利性的学习，但只要勉强
而行之，日久也会生情，及其成功一也。最幸福的学习是将擅
长的、感兴趣的、有用的融为一体。

　　说到"学"，一定要说"习"，"学"和"习"是同一枚硬币
的两面，所以《论语》开篇的第一句话就是"学而时习之"——

学了之后要时时温习和实践。

"习"对中国青少年来说显得有些缺失，这既有社会环境的原因，也有学校教育的原因，更有家庭教育的原因。以玩玩具为例，在我十岁左右时，我也特别爱玩，由于没钱买玩具，只能自己做玩具。用泥巴做，再烘干，将钢筋用火烧红，再到冷水中淬炼，以增加其硬度，还要配合锤子和老虎钳等工具才能完成。现在想想，我当时哪里来的力气呢？因为玩具是自己花了大力气才做成的，所以一个玩具我会玩很久，也很爱惜；而在物质极大丰富的今天，孩子们的玩具太多了，对玩具既缺乏感情（见异思迁，喜新厌旧），又缺乏爱心（随便乱扔、乱摔，弄得家里全是玩具），有些家长还会将孩子送到儿童玩具培训机构学习，以增强其动手能力。几天后，孩子们兴奋地带着自己的"作品"回家，但这些所谓的"作品"大多数都是模块的粘合，基本上是自欺欺人，哄孩子开心。虽然"作品"的复杂程度比我们小时候的要复杂得多，但其动手的部分——"习"的部分并不多，都是模块的粘合。

谈到学习，如今的家长们又有几人坚持学习呢？大学毕业后十多年没过碰书的比比皆是，人们最多是看看手机上的信息和视频。我并不认为每天看手机信息和新闻是真正的学习，那只是一种打发时间的行为，因为如果不看手机，人们就不知道如何把众多的碎片时间消磨掉。看手机、打游戏是众多父母在空闲时的存在方式，哀哉！这样的父母又怎能做孩子的导师呢？西方人倡导终身学习，犹太人平均每年读几十本书，中国人则是寥寥几本，这就是差距。我经常在机场看到老外拿着一本厚厚的书在读，而很多中国人则是看手机、报纸和杂志。职场中有一个说法：小老板爱看营销方面的书，中老板爱看管理和用人方面的书，大老板爱看哲学方面的书。

《论语》中有很多与"学"有关的语录，我分享如下，欢迎读者朋友大声朗读，以便能开启你学习的愿望。

子曰："学而时习之，不亦说乎？有朋自远方来，不亦乐乎？人不知而不愠，不亦君子乎？"

子曰："弟子入则孝，出则弟，谨而信，泛爱众，而亲仁。行有余力，则以学文。"

子夏曰："贤贤易色；事父母，能竭其力；事君，能致其身；与朋友交，言而有信。虽曰未学，吾必谓之学矣。"

子曰："君子食无求饱，居无求安，敏于事而慎于言，就有道而正焉，可谓好学也已。"

子曰："学而不思则罔，思而不学则殆。"

鲁哀公问："弟子孰为好学？"孔子对曰："有颜回者好学，不迁怒，不贰过。不幸短命死矣。今也则亡，未闻好学者也。"

子曰："加我数年，五十以学《易》，可以无大过矣。"

子曰："三年学，不至于谷，不易得也。"

子曰："学如不及，犹恐失之。"

子曰："可与共学，未可与适道；可与适道，未可与立；可与立，未可与权。"

樊迟请学稼。子曰："吾不如老农。"请学为圃。曰："吾不如老圃。"

卫灵公问陈于孔子。孔子对曰："俎豆之事，则尝闻之矣；军旅之事，未之学也。"明日遂行。

子曰："古之学者为己，今之学者为人。"

子曰："莫我知也夫！"子贡曰："何为其莫知子也？"子曰："不怨天，不尤人，下学而上达。知我者其天乎！"

子曰："赐也，女以予为多学而识之者与？"对曰："然，非与？"曰："非也，予一以贯之。"

子曰："吾尝终日不食，终夜不寝，以思，无益，不如学也。"

子曰："君子谋道不谋食。耕也，馁在其中矣；学也，禄在其中矣。君子忧道不忧贫。"

孔子曰："生而知之者，上也；学而知之者，次也；困而学之，又其次也；困而不学，民斯为下矣。"

子之武城，闻弦歌之声。夫子莞尔而笑曰："割鸡焉用牛刀？"子游对曰："昔者偃也闻诸夫子曰：'君子学道则爱人，小人学道则易使也。'"子曰："二三子！偃之言是也。前言戏之耳。"

子曰："由也，女闻六言六蔽矣乎？"对曰："未也。""居，吾语女。好仁不好学，其蔽也愚；好知不好学，其蔽也荡；好信不好学，其蔽也贼；好直不好学，其蔽也绞；好勇不好学，其蔽也乱；好刚不好学，其蔽也狂。"

子夏曰："日知其所亡，月无忘其所能，可谓好学也已矣。"

子夏曰："百工居肆以成其事，君子学以致其道。"

子夏曰："仕而优则学，学而优则仕。"

卫公孙朝问于子贡曰："仲尼焉学？"子贡曰："文武之道，未坠于地，在人。贤者识其大者，不贤者识其小者，莫不有文武之道焉，夫子焉不学，而亦何常师之有？"

到此为止，我结合儒家经典将修身路径之勤学讲完了，现就以上经典做个总结，如下：

1. 要学文，要学礼，要明白学、思、习是相辅相成的，其最终都是为了觉悟。

2. 能学到不乱发脾气、不重犯错误，才是真正的好学。

3. 对于爱学习的人来说，《周易》是人生中一座必须要攀登的高峰。学好《周易》，人就不会犯大错了。张岱年先生认为，《周易》开篇的两句话"天行健，君子以自强不息；地势坤，君子以厚德载物"，基本上构成了中华民族的人格特质和民族精神，一直支撑着中国文化的上下五千年。

4. 试问在如今这个快餐式、急功近利式的学习时代，还有谁能潜心学三年呢？

5. 学习最重要的是为内在而学，而不是为外在而学。

6. 生而知之的人毕竟很少，每个人都是通过学习来获得知识的，孔子也不例外；善学者，人人都是老师，正所谓"三人行必有我师焉"。

7. 对每天的所学要复习，对每月的所学要总结，这是有效的学习方法。

二、修身路径之"改过、责善"

改过、责善是明代大儒王阳明先生"四事规——立志、勤学、改过、责善"里的重要内容。阳明先生说，学习有四件事是最关键的，也是我要规劝你们的：第一是立志，第二是勤学，第三是改过，第四是责善。立志和勤学在前文我已详细阐述，下面我阐述一下改过和责善。

先谈一下改过。讲一个小故事：有一次，一群犹太人抓住了一个犯罪的女人，按照犹太人的法律，应该用石头将这个女人砸死。这些人为了考验平时宣讲博爱的耶稣，于是故意问耶稣怎么办？而耶稣只有两个选择，一是按照法律砸死这个女人，二是宣讲博爱宽恕这个女人。但这两个做法是自相矛盾的，耶稣要是说出其中的任何一个都会陷入陷阱。最后耶稣说："你们中谁从来没有做过错事的，就去拿石头砸她吧。"所有人都默默离开了，这个女子得救了。人非圣贤，孰能无过？过而能改，善莫大焉。要改过，首先得要知过——知善知恶，知是知非。阳明先生说"知善知恶是良知"，但今人的良知已被物欲的猪油蒙蔽了，人心已很难知善知恶，又何谈改过责善呢？而更关键的是，一方面人们自我又固执地自欺欺人，另一方面人们自己不改过责善却要求别人，何等可笑，何等悲哀。

流言止于智者，错误源于无知。如今网上流传着很多似是而非的段子和金句，这些句子就像飘零的树叶，无根无魂，却能将人引入歧途。拿孩子的学习来说吧，"不要让孩子输在起跑线上"这句话就害人不浅。事实上，就才艺和功利方面来说，这句话或许有点道理，但即便在才艺和功利方面，我认为孩子能否获得成功也由很多因素（先天的素质、祖上的积累、个人的运气、后天的学习等）决定，这些因素共同决定人生的成败，而非一股脑地把孩子按在起跑线上，加油，加油，加油！站在生命层面来看这句话，则完全站不住脚。佛家说："放下屠刀，立地成佛。"一念悟，则生命光明；一念迷，则生命阴暗。孔子说："我欲仁，斯仁至矣。"可见在生命层面，根本无所谓"输在起跑线上"一说。

知过从学习开始，知过之后，就要改过，否则等于不知过。但如果错误的事情已经过去，甚至对方完全被蒙在鼓里，并不知道自己遭受了伤害，我们是装傻呢，还是补过呢？我想，对于追求高品质生命的人来说，或许要补一个真诚的道歉并将功补过，至少要默默补偿。

有过不改的危害不仅仅在过本身，甚至会引发破窗效应。破窗就像有缝的鸡蛋，所有的病菌都会从这个小缝隙进入，导致鸡蛋彻底变坏。一个小错误往往会导致纵向与横向的错误同时到来。比方说，酗酒不但导致纵向的肝脏受损，还会导致横向的斗殴、淫乱、吸毒和赌博，所以及时改正错误对人的成长非常重要，船到江心补漏迟啊。

错误与冲突往往发生在两人之间，谁先认错呢？父子之间谁先认错？夫妻之间谁先认错？兄弟朋友之间谁先认错？员工领导之间谁先认错？事实上，谁都有不认错的理由——面子、身份、"真理"、实力。我认为两种人该先认错：其一，强者；其二，觉者。当然觉者也就是强者。所以如果你认为你是强者和觉者，就请先抛出认错的橄榄枝吧，你不但不会丢掉面子，还会赢得别人的尊重，甚至还能收获轻松和愉悦。

接下来谈一谈责善。责是求的意思，责善就是求善。事实上，改过的行为本身就是责善，但责善有其更深的内涵，最关键的是责求自己行善，而非责求别人，正如孔子所说"君子求诸己，小人求诸人"。责善会引发蝴蝶效应，当我们动恻隐之心、恭敬之心、辞让之心、是非之心并将其付诸行动时，我们就是一只挥动美丽翅膀的蝴蝶。如果能持续挥动、大幅度挥动，甚至还能引发成片的美好。

以我个人举例来说，我每次骑车去公园游玩都会经过一个较长的红绿灯路口，遇到红灯时，我都静静地等待。可笑的是，除我之外，几乎每辆电瓶车都无视红灯，唰唰而过。此时此刻，我觉得自己是一只美丽的蝴蝶，虽然未能引发正面效应，但却滋养了我自己的心。我喜欢这样不断责善的自己，我告诉自己"勿以善小而不为"，我下决心向自己的劣根开炮，改掉一切过错和缺点，哪怕是最微小的过错——"勿以恶小而为之"。我曾一口气列出自己的五十多个缺点，如果要列得更详细些，甚至能列出几百个。我常嘲讽自己是个"劣迹斑斑"的人，但我正在洗心革面，焕发新生。

再举一个例子，我有个同事小马，他似乎有些"死脑筋"，自从我建议他每天做一件善事并发到朋友圈影响更多人后，他就坚持每天捡垃圾，坚持发到朋友圈，已经坚持几百天了。看似单调的重复，但这种责善也实属难得，或许他未必能影响到别人，但他或许已经影响到自己了。

　　《论语》《孟子》中也有很多跟"善"与"恶"有关的思想与句子，我摘抄下来，请读者朋友朗读并践行，改过和责善才是修行的真功夫。

　　子曰："君子不重，则不威，学则不固。主忠信。无友不如己者，过则勿惮改。"

　　子曰："人之过也，各于其党。观过，斯知仁矣。"

　　子曰："已矣乎，吾未见能见其过而内自讼者也。"

　　子曰："丘也幸，苟有过，人必知之。"

　　仲弓为季氏宰。问政。子曰："先有司，赦小过，举贤才。"

　　蘧伯玉使人于孔子，孔子与之坐而问焉，曰："夫子何为？"对曰："夫子欲寡其过而未能也。"

　　子曰："过而不改，是谓过矣。"

　　子夏曰："小人之过也，必文。"

　　子贡曰："君子之过也，如日月之食焉：过也，人皆见之；更也，人皆仰之。"

　　孟子曰："古之君子，过则改之；今之君子，过则顺之。古之君子，其过也，如日月之食，民皆见之；及其更也，民皆仰之。今之君子，岂徒顺之，又从为之辞。"

　　孟子曰："君有过则谏，反覆之而不听，则去……君有大过则谏，反覆之而不听，则易位。"

　　孟子曰："亲之过大而不怨，是愈疏也。亲之过小而怨，是不可矶也。愈疏，不孝也；不可矶，亦不孝也。"

子曰："德之不修，学之不讲，闻义不能徙，不善不能改，是吾忧也。"

子曰："三人行，必有我师焉：择其善者而从之，其不善者而改之。"

子张问善人之道。子曰："不践迹，亦不入于室。"

季康子问政于孔子曰："如杀无道，以就有道，何如？"孔子对曰："子为政，焉用杀？子欲善而民善矣。君子之德，风；小人之德，草。草上之风，必偃。"

孔子曰："见善如不及，见不善如探汤。"

孟子曰："古者易子而教之，父子之间不责善。责善则离，离则不祥莫大焉。"

孟子曰："舜之居深山之中，与木石居，与鹿豕游，其所以异于深山之野人者几希。及其闻一善言，见一善行，若决江河，沛然莫之能御也。"

孟子曰："鸡鸣而起，孳孳为善者，舜之徒也；鸡鸣而起，孳孳为利者，跖之徒也。欲知舜与跖之分，无他，利与善之间也。"

子曰："舜其大知也与！舜好问而好察迩言，隐恶而扬善，执其两端，用其中于民，其斯以为舜乎！"

子曰："回之为人也，择乎中庸，得一善，则拳拳服膺而弗失之矣。"

到此为止，我结合儒家经典将修身路径的改过、责善讲完了，现就以上经典做个总结，如下：

1. 改过很可贵，能做到同样的过错不犯两次的人，更是贵中之贵。

2. 考察一个人，看他的过错，往往更能准确地知道他是什么样的人。

3. 能够被人指出错误是幸运的，我们要心存感激，而不是满怀怨恨。

4. 做一件事情用力过猛和用力不足都是不对的，都是犯过错了，无过无不及才是恰到好处的中道。

5. 人要能原谅别人的小过，抓住鸡毛蒜皮的小事不放的人往往会失去宏观视野。就过错而言，对自己要严格，对别人要宽容。

7. 说得多而做得少也是过错，文过饰非是小人的行为，有过不改才是真正的过错。

8. 父母如果能责自己的善，孩子或许能朝着更好的方向发展；如果不能，一定是自己的责善力度还不够。当然，孩子是否被影响，并不是最重要的，最重要的是：你真的尽心尽力地改自己的过，责自己的善了。

9. 大舜和颜回的德行就是来自不断地责善，如果我们能做到念念思善、时时集义，我们就能成为有浩然正气的人。

10. 独处时能责善的人才是真正光明的人。

第四节　修身的九个感悟

这些年，某种内在的生命成长之渴望一直驱动着我，这种力量让我能透过红尘滚滚的外在世界看到、感受并修炼自己的心，我也写下了很多修身的心得体悟，如下。

一、去欲率性

朱熹先生提出"存天理，灭人欲"，遭到了后人的误解，认为"灭人欲"禁锢了人的自由。事实上，朱夫子要灭的"人欲"是指超出人的合理需求的贪婪和欲望，这些欲望已经危及人的身心健康，所以要革除。

在"人欲"的世界中，人们多以自我的标准去判断善恶美丑，这种自以为是的固执是人与人之间矛盾的根源。由"人欲"支配的人易走极端，要么过分地贪，累坏身体、装坏身体、整坏身体，终致身心憔悴，生命常处于郁结、焦虑和恐惧中；要么过分地懒，吃喝玩乐、游手好闲，终致生活困窘，整个人游走于无边的黑暗中，一片茫然。唯有点起人人都有的却被欲水浇灭的心灯——人性，才能拯救无边的黑暗，才能发现真性、超越善恶、率性而为、天理流行、自然自在、幸福圆满。

人欲的发用基本上都是私，有些私是赤裸的，有些私是假公的。人世间人欲之私概而言之有三方面：一曰名、二曰利、三曰情。所谓修身就是摆脱这三方面的困扰。

　　大多数人一辈子都为名、利、情所困扰，男人更多的是迷恋名利场，女人更多的是为情所困。所谓智者就是放下名、利、情的人欲之私，而获得生命的轻松自在。虽然人生的大多数困扰都是过多的人欲带来的，但正常的人欲却是合于天理的，所以我们不是否定欲——人无欲不活，只是否定过分的欲。因为过度的人欲就剑走偏锋了，就不中节了，就不再是天理了。所以古圣先贤对过度的欲望都是持否定态度的，其目的也只是为呼唤出光明的人性——人无性不人。

　　对于一个修身并渴望觉醒的生命而言，完全可以接受没有高品质的吃喝，也可以接受没有有面子的穿戴和镜花水月的被人尊重的身份，但一定在乎自己的人性，正所谓"三军可夺帅也，匹夫不可夺志也"。人性与生俱来，凡圣相同，但却被后天的人欲所遮蔽，要恢复人性，唯一的方法就是修身。

　　修身就是要看破欲望。欲火焚身时，要想想饱受疾病折磨和那些死去的人，再多的物质和钱财终将化作一缕青烟，而纯真的人性才是令人感动的永恒。

　　修身就是不说假话，即"假话全不说"。任何时候都不要说假话，实在不行就沉默或不置可否，可以不开口，但凡开口一定要说真话。当然有时也要做到"真话不全说"。真诚是最高境界的情商、德商和胆商，真诚也是解决问题成本最低的路径。

　　修身就是追求内在。其实人要的很少，日食三餐、夜眠一床，身体的需求并不多。过多地吃喝，爽口只是一时，伤身却是一生。贪婪是无知的产物，所以人要调整生活和工作中飞快的脚步，慢下来，想想生命的对错和人生的方向。房子、车子、票子都只是外在的面子，而面子恰恰是修身路上的大鸿沟，修身就是从面子走向里子，从追求外在美走向内在美。

修身就是要调整自己的脾气。刚爆是无能的发泄，柔和才是生命的色彩。杜月笙曾说过："一等人，本事大脾气小；二等人，本事大脾气大；三等人，本事小脾气大。"修身就是要将自己那颗麻木的僵化的心和怒火中烧的心修成活泼的柔软的心，返回生命本来的色彩。

修身就是学会爱。很多人看上去很傲慢，如果往前追溯，可能是原生家庭中缺少爱的缘故，干枯的心灵需要治愈，"敬天爱人"就是治愈的良药。孔子说"仁者，爱人"，修身就是要多爱自己，多爱别人，尽可能地让自己和身边的人过上更幸福有爱的生活，正所谓"近者悦，远者来"。

很多人的家里或办公室里都挂着"厚德载物"，但你到底是想着厚德呢，还是想着载物呢？载物的起心动念是为自己呢，还是为他人呢？修身者对这些概念不得不详加辨析。

对于真正的修身者而言，或许不是远离尘俗在清净中修行，而是和光同尘在工作中修行，如此这般才能真正地清除过多的人欲，返回清澈的人性。所以我觉得恰到好处的人生应该像莲花——"出淤泥而不染，濯清涟而不妖，中通外直，不蔓不枝，香远益清，亭亭净植，可远观而不可亵玩焉。"

二、心平气和

判断一个人是否是活人，有两个标准。一、有没有气息，这是人活着的生理标志；二、有没有良心，这是人之为人的精神标志。从这个意义上说，修身就等于修心加修气。再延伸一点讲就是把心修平，把气修和。合而言之，修身的状态之一就是心平气和，可见老百姓口中常说的心平气和是很高的境界。只是大多数说"心平气和"的人，都将其当成口头禅，而并不知道其真正的意义。

如何做到心平呢？合理即可，如何做到气和呢？合情即可。所以做人做事能做到合情合理自然就会心平气和。当然，这里的人情即是事理，事理亦指天理，而非私情和歪理。但很遗憾的是，部分今人常说的合情合理恰恰指合乎自己利益或法不责众的私情和歪理，并常用一句"存在即合理"的金句来自欺欺人。

下面我对气和的"和"字多做一点解释。一说到"和"，大家就想到一团和气的状态。其实不然，这里的和是指《中庸》所说的"喜怒哀乐发而皆中节"之和，也就是遇到喜事就该喜，就该笑，就该心舒目展；遇到不合理的事情就该愤怒，甚至发雷霆之怒；遇到悲伤的事情就该悲伤；遇到不对的就该反对，遇到该评判的就评判，而不是用西方灵修领域教导的不评判。事实上，压抑的愤怒、喜悦、反对和不评判恰恰是虚伪和无知的表现，真正的"不以物喜，不以己悲"，真正的不评判是生命已经修行到高大悠远而自然呈现出来的生命状态，而非刻意压制的状态。所以修身的最大好处就是让自己做人做事更准确，远离纠结、郁闷、焦虑和恐惧，从而拥有和乐的生命状态，甚至超越生死。所以如果你修身修得很痛苦，那方向或许弄错了。真正的修身一定能体会到废书长叹手之舞之足之蹈之的自得之乐，所以周敦颐让二程子兄弟去寻孔颜之乐。

从功夫层面上说，如何让自己心平气和修身养性呢？我将个人的修身经验跟读者朋友分享如下：

一、**擦拭净我心**。擦桌子、铺床、清洗厨房、清理卫生间、整理办公桌、排队、不闯红灯、随手的文明，所有这些事都是为了修身。我突然明白了一句话："人间就是修道场，端茶倒水都是修行。"也明白了神秀大师所谓"时时勤擦拭，莫使惹尘埃"。反映在行为上，我发生了巨大的改变，比方说，修身之前的我是从来不干家务活的，很长一段时间，我固执地认为我是干大事的人，怎么会做这些鸡毛蒜皮的小事呢？自从我明白修身的大道与正理之后，家里的洗碗之事，我感恩为之，乐意为之，我还常和女儿说："爸爸洗碗不是为了完成任务，是为了更好地修炼此心。"从此我变得更文明，更关键的是，这份文明并非外在的某种道德约束，而是发自内心的生命追求。

二、**闲居有素养**。很多人在外面西装革履，在家里光着膀子穿短裤；在陌生人面前彬彬有礼，在熟人面前出口成黄，这是典型的人前一套、人后一套。修身是功夫，但不是表面功夫，而是看不见处的功夫，儒家称之为"慎独"。这一点日本人和德国人做得很好，他们的产品往往在看不见的地方见功夫。《礼记·大学》更是说得透彻："所谓诚其意者：毋自欺也。如恶恶臭，如好好色，此之谓自谦。故君子必慎其独也。小人闲居为不善，无所不至；见君子而后厌然，掩其不善而著其善。人之视己，如见其肺肝然，则何益矣？此谓诚于中，形于外。故君子必慎其独也。曾子曰：'十目所视，十手所指，其严乎！'富润屋，德润身，心广体胖。故君子必诚其意。"当然这并不是说闲居的时候非要一本正经，或许如孔子一般"申申如也，夭夭如也"，也是闲居时的素养。

三、亲近大自然。《道德经》说："人法地，地法天，天法道，道法自然。"人类成长的过程就是向大自然学习的过程。《周易》说："古者包牺氏之王天下也，仰则观象于天，俯则观法于地，观鸟兽之文与地之宜，近取诸身，远取诸物，于是始作八卦，以通神明之德，以类万物之情。"苏东坡说："凡物皆有可观。苟有可观，皆有可乐，非必怪奇玮丽者也。餔糟啜醨皆可以醉，果蔬草木皆可以饱。推此类也，吾安往而不乐。"我常独自一人，双手背在身后漫无目的地散步，平观湖水，仰观树梢、山峰、飞鸟、蓝天、白云，近察花儿的色彩和爬虫的悠然，深深地吸一口气，慢慢地呼出，常有种念天地之悠悠的感慨，亦能感知程颢的"仁者以天地万物为一体"之生命体悟。

四、自得游于艺。书法、绘画、弹琴、慢跑、太极及任何不带直接对抗性质的自娱自乐。品茶、轻音乐、清淡的饮食都有利于修炼心气，涵养性情。这些文字无须解释，在此说两个我比较喜欢的"艺"。我经常早晨起床后会慢跑几公里，我是边跑边闭目养神的，大约跑十多步的时候睁一下眼睛，以便调整跑步的感觉和节奏，这和佛家所说的行禅有些类似。另外，我喜欢自己一个人练台球，有时候左手打右手，不分胜负，自娱自乐。这些都是修身养性的"艺"。

五、静坐对圣贤。如果每天能在圣贤的画像或塑像前静坐30分钟左右，这样的形式感与威仪感能修炼人的身心。面对圣贤静坐时，心中自能升起正气、正念、祥和和敬畏，这些正面能量能压住食欲、色欲、恐惧和焦虑等负面能量。

六、视听养我心。我的办公室挂着一幅巨大的孔夫子画像，每次我和同事及朋友一起谈事时，都或多或少地受孔夫子影响而有所顾忌，提醒自己谨言慎行。另外办公室所挂的书法，如"正气""传不习乎"等都能影响人们的视听言动，反过来，合理的视听言动也能修炼我们的心和身。最近，我家里挂了一副"心安"的大幅书法，对我个人影响就很大，我希望家里每个人都能以心为师，以心安为止。我常问女儿，今天在学习上心安吗？起得这么晚心安吗？以此来激发孩子自我反省。

七、学问思辨行。《中庸》云："博学之，审问之，慎思之，明辨之，笃行之。有弗学，学之弗能弗措也；有弗问，问之弗知弗措也；有弗思，思之弗得弗措也；有弗辨，辨之弗明弗措也；有弗行，行之弗笃弗措也。人一能之，己百之；人十能之，己千之。果能此道矣，虽愚必明，虽柔必强。"如果人们能按如上所教去学去习，一定能修身有成。

三、与人为便

人们常将"与人为善"挂在嘴边，但很多时候往往只是说说而已。我用"与人为便"为标题，从行为上将"善"落实成"便"。当然善的层次更广，起心动念即有善恶，但唯有行出来，才能看出便与不便。我写几段常见的场景来说明，其实修身很简单，一个举手之劳的与人为便即可，正如佛家所说的"诸恶莫作，诸善奉行"。我想说，如果我们时刻都能做到与人为便，也能即刻成"佛"。

　　说到与人为便，我想到了很多年前曾疯传于网络的一张任正非在机场排队打车的图片。如此大的企业的掌舵人，七十多岁的老人，竟然自己排队打车，我想这应该是一个与人为便的故事吧。与人为便，说到底有两方面，一方面是能不麻烦别人的就不麻烦别人，另一方面是能帮到别人的尽量帮助别人，如此而已。

　　停车时常看到一辆车横跨两个车位，我无可奈何地摇摇头，或愤怒，或可怜，或苦笑。我很感慨——其实修身很简单，只要考虑一下别人的感受就可以了，这是每个人都能随时随地做到的与人为便。

　　走在火车站或机场的自动扶梯上，有些人拖着箱子优哉游哉地上下扶梯，这极容易导致后面的人摔跤。我很感慨——其实修身很简单，只要考虑一下别人的感受就可以了，这是每个人都能随时随地做到的与人为便。

　　坐在高铁的车厢里，大人们两两聊天，四人打牌，吃着刺鼻气味的食品，放着很大声音的狗血视频，孩子们在车厢里打闹，家长也不制止。我很感慨——其实修身很简单，只要考虑一下别人的感受就可以了，这是每个人都能随时随地做到的与人为便。

　　一桌人吃饭，有些人海阔天空地大声说话，唾沫和未嚼碎的"大珠小珠"精准地落入盘中；有些人用筷子在盘里翻来翻去找自己喜欢的菜；更有甚者，有些人用筷子剔完牙后再放入盘子里找好吃的……当然，这种弊病与中国的传统饮食习惯有关，但更与个人的修为有关。在这一点上，我很感谢我的父亲，从小他对我们两兄弟从拿筷子到如何用筷子在盘子或碗中取菜有严格的规定，为这事我们两兄弟没少受责骂。现在想想，父亲在培养我们与人为便的好习惯。在某些饭局上我会建议大家用公筷，建议大家说话声音小一些，尽量用手稍微罩一下嘴巴。当然，有些饭店现在已经要求厨房和端菜的服务员全部戴口罩，这就是与人为便。

说到吃饭，我讲一个正面的与人为便的故事。有一次我在深圳吃饭，结账时服务员快速跑过来，手上拿着 POS 机和发票，问我们是用现金还是刷卡支付。当时微信和支付宝等支付方式还不流行，最后我们选择了刷卡。我注意到她口袋里有不少零钱，这是为了方便给现金付款的顾客找零。这是我第一次看到不需客户离开座位，一条龙一次性从付款到拿发票的过程，这种与人为便的精神让我感慨深圳的服务真是一流。

四、正直正派

法国大作家雨果在《悲惨世界》中说："做一个圣人，那是特殊情形；做一个正直的人，那却是为人的正轨。你们尽管在歧路徘徊、失足、犯错误，但是总应当做个正直的人。"他又在《笑面人》中说："正直的人最吃力的工作是经常把难消除的恶念从人类的灵魂上消除出去。"那么如何养正气去恶念呢？孟子说以"直"养之，所以叫正直。

正就是不偏不倚，人由于受到认知、情绪和习气的影响，很难做到不偏不倚，即便是父母对孩子也都很难做到。比方说：农村的父母更喜欢男孩，也更喜欢第一个和最后一个孩子，中间的孩子成了夹心饼干，而无法得到公平的关爱，这已成为严重的家庭问题，甚至还会深深影响到孩子的个性发展。

《大学》说："身有所忿懥，则不得其正；有所恐惧，则不得其正；有所好乐，则不得其正；有所忧患，则不得其正。"这就是说，人总是受外界人或事物的影响而产生偏斜的情绪，导致身心不得其正。所以，无论是儒家、道家、佛家，还是基督教，其核心内容都是将人的身心从偏斜的状态拉回正道。

龙生九子，子子不同，每个人的禀性是不一样的，有人清澈些，有人浑浊些，从外表上就能看出来。再加上生活与学习环境的差异，慢慢就导致了长大后人与人之间的巨大不同，这就是孔子所说的"习相远"。

曹雪芹说，女人是水做的，男人是泥做的；女人是清澈的，男人是浑浊的。总体而言，我认同这种观点，就整个社会来说，男女是不平等的，在很多领域男性都占主导地位。所以说世界的发展男人功不可没，世界的乌烟瘴气大多也是男人造成的。

孟子曰："我善养吾浩然之气。""其为气也，至大至刚，以直养而无害，则塞于天地之间。其为气也，配义与道；无是，馁也。是集义所生者，非义袭而取之也。行有不慊于心，则馁矣。"

文天祥也深受孟子"浩然正气"的影响，写出了流传千古的《正气歌》。今日社会，歪风邪气随处可看见，打开手机，网站的标题个个语不惊人死不休，很多文章都是标题党，能把八卦明星的那点糗事炒到天上地下，尽其所能子虚乌有地炒、添油加醋地炒、颠倒黑白地炒。总之，凡能增加点击率的都炒，毫无节操与底线。用户点开后，大失所望，骂编辑是脑残；但编辑们也很郁闷："我不这样搞，你们就不会点，是你们迫使我这样写啊。"人们歪风对邪气，还彼此抱怨，真是荒谬啊，这就是人与人之间缺乏正气的结果。

如何养正呢？就从每天的说话开始吧，先要做到"不说假话"，并努力让自己"敢说真话"。在这里我想说说梁漱溟先生，梁先生真可谓文弱的硬汉，我非常欣赏他的八字箴言"独立思考，表里如一"，独立思考的他是智者，表里如一的他是真人。梁先生遇上了"批林批孔"的时代浪潮，在将近一个多月的批斗会议上，梁先生一言不发，最后迫不得已必须"表态"时，他说"我不批孔，只批林"，这是一句极其危险的"真话"。之后，他遭到大规模的批判，历时半年之久，被折磨得心力交瘁。在某次批判会议上，主持人问梁先生："对于批判，你有什么感想？"梁先生脱口而出："三军可以夺帅也，匹夫不可夺志也。"费孝通先生谈到梁漱溟先生时说："他是一个我一生中所见到的最认真求知的人，一个无顾虑、无畏惧、坚持说真话的人。"梁先生去世后，他的儿子梁培宽、梁培恕两兄弟整理并出版了很多父亲的遗著，所得的稿费全部捐赠给父亲当年创办的勉仁中学。有人问梁培恕为什么这么做，他说："不为什么，只是觉得这样做比较好。"我想这是父亲的正气在孩子身上温和的呈现。是的，"不为什么，只是觉得这样做比较好"，这样一句发自良知的朴实无华的话让我感动至今。

下面我从"正"的角度来说说家庭矛盾，虽说一个巴掌拍不响，但我认为家庭矛盾的根本在于男性。大男子主义至今还广泛存在于农村等经济不发达地区和经济发达但文化不发达的地区。常年来，大男子主义一直统治、压迫着许多家庭，孩子、妻子长期生活在父亲、丈夫的淫威之下。很多家庭矛盾也就源于一根烟、一杯酒。妻子和孩子劝说丈夫和父亲少抽烟、少喝酒，无论妻子和孩子的出发点多么美好，但依然遭遇固执、自我又浑浊的丈夫或父亲的反击，家庭矛盾因此产生。

再来说说婆媳矛盾，看上去是婆婆和媳妇的矛盾，但很多时候却是丈夫的问题。中国的传统观点认为，女人嫁到丈夫家就是丈夫家的人，所以媳妇孝顺公公婆婆是应该的，而媳妇的父母则由其哥哥或弟弟的媳妇去孝顺，于是产生了不平衡。这就是偏斜，偏斜就是不正，不正就是不公平，不公平就会引起反抗。当然，有些女人的情绪化、记仇、长舌、无理取闹、没完没了等缺点，也是导致家庭不和谐的重要原因。

下面我将儒家经典中关于"正直"的文字摘抄如下，希望有缘的读者朋友们能从这些穿越时空的经典中找到生命的智慧，滋养本来光明却被污染的心。

子曰："唯仁者，能好人，能恶人。"

子曰："当仁，不让于师。"

曾子曰："吾日三省吾身，为人谋而不忠乎？与朋友交而不信乎？传不习乎？"

子曰："《诗》三百，一言以蔽之，曰：'思无邪。'"

哀公问曰："何为则民服？"孔子对曰："举直错诸枉，则民服；举枉错诸直，则民不服。"

子曰："孰谓微生高直？或乞醯焉，乞诸其邻而与之。"

子曰："人之生也直，罔之生也幸而免。"

子曰："狂而不直，侗而不愿，悾悾而不信，吾不知之矣。"

叶公语孔子曰："吾党有直躬者，其父攘羊，而子证之。"孔子曰："吾党之直者异于是：父为子隐，子为父隐——直在其中矣。"

或曰："以德报怨，何如？"子曰："何以报德？以直报怨，以德报德。"

子曰："吾之于人也，谁毁谁誉。如有所誉者，其有所试矣。斯民也，三代之所以直道而行也。"

柳下惠为士师，三黜。人曰："子未可以去乎？"曰："直道而事人，焉往而不三黜？枉道而事人，何必去父母之邦？"

色恶，不食。臭恶，不食。失饪，不食。不时，不食。割不正，不食。不得其酱，不食。

食不语，寝不言。

席不正，不坐。

寝不尸，居不客。

子曰："其身正，不令而行；其身不正，虽令不从。"

子曰："苟正其身矣，于从政乎何有？不能正其身，如正人何？"

子曰："晋文公谲而不正，齐桓公正而不谲。"

孟子曰："不直，则道不见，我且直之。"

孟子曰："枉己者，未有能直人者也。"

孟子曰："仁者如射：射者正己而后发，发而不中，不怨胜己者，反求诸己而已矣。"

孟子曰："仁，人之安宅也；义，人之正路也。旷安宅而弗居，舍正路而不由，哀哉！"

孟子曰："存乎人者，莫良于眸子。眸子不能掩其恶。胸中正，则眸子瞭焉；胸中不正，则眸子眊焉。听其言也，观其眸子，人焉廋哉。"

孟子曰："唯大人为能格君心之非。君仁，莫不仁；君义，莫不义；君正，莫不正。一正君而国定矣。"

孟子曰："吾未闻枉己而正人者也，况辱己以正天下者乎？"

孟子曰："莫非命也，顺受其正。是故知命者不立乎岩墙之下。尽道而死者，正命也；桎梏死者，非正命也。"

子曰："富与贵，是人之所欲也，不以其道得之，不处也。贫与贱，是人之所恶也，不以其道得之，不去也。君子去仁，恶乎成名？君子无终食之间违仁，造次必于是，颠沛必于是。"

子曰："自行束脩以上，吾未尝无诲焉。"

子谓颜渊曰："用之则行，舍之则藏，唯我与尔有是夫。"

子不语怪、力、乱、神。

子钓而不纲，弋不射宿。

互乡难与言，童子见，门人惑。子曰："与其进也，不与其退也。唯何甚？人洁己以进，与其洁也，不保其往也。"

子温而厉，威而不猛，恭而安。

子曰："不在其位，不谋其政。"

曾子曰："君子思不出其位。"

子曰："事君，敬其事而后其食。"

子路问事君。子曰："勿欺也，而犯之。"

子曰："众恶之，必察焉；众好之，必察焉。"

子曰："衣敝缊袍，与衣狐貉者立，而不耻者，其由也与。"

子曰："饭疏食，饮水，曲肱而枕之，乐亦在其中矣。不义而富且贵，于我如浮云。"

五、好为人师

这个一个人人都能做主播、人人都能做老师的时代，只要在互联网上开一个账号，人人都能敲打键盘，指点江山，激扬文字，这种所谓言论自由的状态，也激发了人们好为人师的坏习惯。人与人之间的矛盾乃至社会矛盾大多都是由好为人师所引起的——夫妻之间的矛盾，很多时候源于一方喜欢好为人师；父母和孩子之间的矛盾大多源于父母喜欢好为人师；朋友、同事或陌生人之间争吵时常说一句话"你有什么资格教育我"或"你凭什么这样对我说话"，这就是好为人师；甚至国家间的矛盾也多由好为人师所引起，比方美国对全世界都好为人师，总是好为人师地指责别国，总是盛气凌人地把美国式的所谓民主自由等意识形态强加给别国。

孟子说，"人之患在好为人师"，此言不虚啊。

　　结合我自己的经验来说，我是一名老师，或许是由于职业惯性的原因，很长一段时间我的生命状态都是好为人师且不自知的，这种坏习惯也确实给我的人际关系甚至家庭关系带来了不少麻烦。一方面，我常凭借自己一点自以为是的小聪明和还不算笨拙的嘴巴，在人际沟通中不知不觉地好为人师。另一方面，我片面地理解了佛家所说的"财布施，法布施和无畏布施"，常主动对别人"法布施"，实则好为人师。如果说前者是真傲慢，那后者就是假慈悲，两者都源于无知，因为我不懂随缘应事之智慧——应无所住而生其心。

　　我终于明白，人的智慧无法只在读书中获取，需要在人事上才能磨炼出真正的智慧。在生活中读书，在读书中生活，我理解了孟子"人之患在好为人师"的忠告，还好，理解得不算太晚。在生活中读书，在读书中生活，我理解了"匪我求童蒙，童蒙求我"，来学，往教，可与言，不可与言等人生智慧。

　　以上所写文字都是从孟子"人之患在好为人师"的语境中来反省好为人师的毛病，但本文并不是说做人就要明哲保身、只扫门前雪。很显然，这不是孟子提倡的。相反，孟子提倡"虽千万人，吾往矣""不直，则道不见，我且直之"等壁立千仞的生命状态。

　　到底什么是好为人师呢？这个问题，根本无法从现象上来界定，从一定意义上说，好为人师有些狂者的意思，而过分的不好为人师则有些狷者的味道。事实上，我们普通人往往处于狂狷之间而无法做到中道而立、中道而行。

　　如何做到不好为人师呢？第一，要从起心动念处自我觉察和反省——随时觉察我们与别人说话的态度到底是交流，是分享，是教育，还是教训？这之间的差异，自己有时候未必知道，正所谓习焉不察，但对方却能敏锐地感受到。第二，要从内心深处破除贡高我慢，破除意必固我，做到己所不欲勿施于人，做到慎言慎行。人们常说理直气壮，但理直气壮往往会走到好为人师的一头去，如果能做到理直气和，或许就能远离好为人师之患了，当然，这些都是实修实证的功夫，而非挂在嘴上的圣贤思想。

六、去伪存真

谈到伪，我想到了虚伪。在所有人品中，我最讨厌的就是虚伪。孔子常说到两种人——君子和小人，比如："君子泰而不骄，小人骄而不泰。"骄就是小人的写照，意为骄横轻狂，我们完全可以想象那副得志便猖狂的中山狼形象。生活中，人们都不喜欢这样的小人，电视荧幕中塑造的地主、汉奸、走狗都是这副骄而不泰的小人嘴脸。但这些小人也有一个共同的"优点"——不伪装，他们用无耻的言行举止告诉人们"我就是这样的小人，我就这个德行，不喜欢我就离我远点"，如此一来，人们小心防范，也能保护自己。

小人固然讨厌，但比小人更讨厌的是伪君子。如果说君子是仁义的代名词，那么伪君子就是假仁假义的代名词，假就是欺骗和愚弄。如果用讨厌来形容小人，那用什么来形容伪君子呢？或许，恶心这个词比较合适吧。

伪君子的最大特征是伪装性强，很难发现。一旦发现，物质损失不说，精神创伤更是难以弥合。人们之所以对这个社会失望，很大原因就来自于伪君子们一次次给社会带去的欺骗和伤害，以至于很多人认为"老实没饭吃，虚假有肉吃"，于是也学伪君子，这或许就是巧言令色如此大行其道的原因吧。

伪的另一种说法是假，比方说造假，造假已日益成为一个关乎生命和经济命脉的社会问题。三聚氰胺造假事件，几乎毁掉了整个中国乳品业，甚至让中国整个食品行业都出现了安全危机，造成的隐形损失不可估量。这种造假真是天理不容，人人得而诛之。假是毒瘤，在今天这个快速传播的时代，整形技术让人假，美颜相机让人假，剪辑的图片和视频让人假。"假"已经摧毁了人们的道德意识——假摔、假药、假酒、假捐、假残疾、假学历、假结婚、假账，真真假假，假假真真，假作真时真亦假，真作假时假亦真，哀哉！难怪很少题字的朱镕基总理曾破例给上海国家会计学院提了字——"不做假账"。

最后说一个貌似合理的假，为了照顾对方的面子而说假话，也即善意的谎言。对此我能理解，但不会去做，我的原则是——可以微笑沉默，可以装聋作哑，可以不置可否，可以转移话题，但坚决不说假话。假话就像泡沫，玩泡沫者必被泡沫淹没。

接下来谈"假"的反面——"真"，我特别喜欢"真"这个字。"真"是个极富高度又特别接地气的字，以至于我们每天都在讲这个字，却并不真正了解它。我发现只要人的品格和"真"有关，即便不能在生命意义上取得成功，也能在世俗意义上取得成功。我常常和学生们说："作假与求真，就世俗意义上的成功来说，各占50%，那为何铤而走险作假呢？又为何不敢求真呢？

答案只有一个——愚昧无知。"就我自己来说，我更切身感受到"真"的社会意义和商业价值。我常常问自己，那些身份、财富、年龄比我高很多的学生，甚至学历也比我高很多的二代年轻学生，他们为何都很尊重我？真的仅仅是因为我的课程讲得好吗？我想更重要的是我身上"真"的品质打动了他们。

用"真"组个词——真诚。用尔虞我诈来形容这个时代，我不赞成，我觉得世界还没到那么糟糕的程度。但如果说，中国人说的十句话中有两三句不够真诚，我还是同意的。究其原因，这与中国人的气质有关。中国人喜欢给对方留面子，喜欢客套，喜欢明哲保身，这些思维和气质决定了中国人在很多时候会讲一些言不由衷的不够真诚的话。照顾了别人的面子，毁了自己的里子——良心，甚是可惜。

再用"真"组个词——真实。人人都喜欢真实的人，我们从网络词句中就能感知现代中国人对"真实"是多么渴求。比方说，"装逼"就是为了讽刺"不够真实"而造出来的新兴网络词汇。还有网络段子是这样说的："做人别装逼，装逼遭雷劈。""不装逼，你会死啊？"相对于虚伪的礼貌和所谓的表达技巧，我更喜欢"有话快讲，有屁快放，别绕弯子"这样粗俗的"真实"。

讲一个故事，一位妈妈很苦恼，因为女儿总是和她唱反调，甚至还指责她，妈妈对女儿的未来充满着担忧。有一次，妈妈在家接到一个电话，她笑容满面地说着"喂，你好，你好"之类的话，突然话锋一转："哎呀，真不巧，我在外地出差啊，下次来先约好时间，我一定要尽地主之谊请你吃饭。"放下电话，妈妈就被女儿指责："妈妈，你怎么说谎，你明明没出差却说出差，为什么说谎呢？"妈妈觉得女儿傻，女儿觉得妈妈虚伪，她们的矛盾似乎无法调和……这是一个真实的故事，我听完后，深深地为这位可爱的小女孩点赞，也为这位张口就能说出假话的妈妈感到悲哀。孔子说："直哉史鱼！邦有道，如矢；邦无道，如矢。"如果做不到史鱼的这般"直和真"，就学孔子的"慎"——"邦有道，危言危行；邦无道，危行言孙。"如果"慎"也行不通，就学孔子的"隐"——"天下有道则见，无道则隐"。

"真"是一个神奇的字，它高高在上却又地气充盈地指引着人们前进的方向。"真"正如胡适先生所说的那样："有话要说，方才说话；有什么话，说什么话；话怎么说，就怎么说。"也如陶行知先生所说的那样："千教万教教人求真，千学万学学做真人。"这是做人的最低也是最高要求。

七、但问耕耘

梁启超最欣赏曾国藩的一副对联："不为圣贤便为禽兽，但问耕耘莫问收获。"上联写的是立志，用于鞭策吾人立圣贤之志；下联告诉我们因上用功，果上随缘，这正是修身的大智慧。在此，我想谈谈这八个字的内涵及与修身的关系。

耕耘要从两个方面来说，一是在心上耕耘，二是在事上耕耘，因为心与事是不二的。用阳明先生的话来说，在心上用功就是致良知，在事上用功就是事上磨练，也即《礼记·大学》所说的致知和格物。在心上用功是希望把事做好，但如果外部因缘不成熟而导致事情没做好，也不要执念于结果，这就是莫问收获。一旦执着于结果就意味着私欲，于是有人要问，结果到底是怎样才对呢？答案是：结果该怎样就怎样。有人又要问了，一个组织还要不要设目标？还要不要对结果负责？答案是——要！普通组织或老百姓是必须要有目标捆着的，因为他们的私欲经常泛滥成灾，若不用目标和结果来绑定，整个世界就乱成一团。而志于道的修行之人是可以没有目标的，也可以不用关注结果，这就是"但问耕耘，莫问收获"。孔子说："言必信，行必果，硁硁然小人哉！"孟子说："大人者，言不必信，行不必果，惟义所在。"表面上看，孔子和孟子对"信"与"果"持不同的态度，但孔子说的是老百姓，提醒老百姓不要执念；孟子说的是修身的君子——君子义以为质，所以从根本上说，孔子、孟子对"信"和"果"的态度是相同的。

我在办公室写了两句话："不要谈事要谈心，不要谈心要谈事。"很多人问我，人与人之间到底要谈事还是谈心呢？修行者不会执着于结果，但要关注每个当下，关注每个当下的起心动念，所以叫"不要谈事要谈心"，用曾国藩的话来说就是"未来不迎，当下不杂，过往不恋"。同时我又不希望修行者只顾着坐而论道，我希望志同道合的人能一起做事谈事，就事论事，在事上磨练并体察此心，所以叫"不要谈心要谈事"。事实上，这两句话合二为一，谈事即谈心，谈心即谈事，心即是事，事即是心。如果把在事上磨练理解成"行"，把体察人心理解成"知"，就又回到了阳明先生的核心思想——知行合一。

但问耕耘，耕耘到什么程度？耕耘到"中"的程度，不贪不懒，该"贪"就"贪"，该"懒"就"懒"（这是以贪和懒来举例，同样的道理还可以用于大小、多少、快慢、轻重、高矮、胖瘦、长短、前后等二元相对的概念中）。事实上，能做到如此恰到好处是很难的。对普通老百姓而言，能把一件事做到合乎天理——中，无异于攀登蜀道。越聪明的人越难做到，因为那些聪明的普通老百姓基本都善于算计，很难发而中节。所以在实际修身中需要矫枉过正，和自己的私意反着来——"做自己不想做的事，不做自己想做的事"。比方说，早晨不想起床，就马上起来；晚上不想睡觉，就马上睡觉；看到捐款，正想找理由不捐时，就马上捐赠。长此以往，人们会在行动中得到好处而坚持并修身有成。老子早就看到了这个规律，在《道德经》中写了"反者道之动"的深刻智慧。

但问耕耘的外延还包括老百姓通常所说的"不过分""不刻意"。乍看这两个词搭不上边，但在修身层面所表述的意思是一样的。"不过分"就是做任何事都要守住自己的位，所以《论语》说："不在其位，不谋其政""君子思不出其位""思无邪"等都在表述"不过分"。有意的过分就是刻意，而"不刻意"也是孟子所谓的"勿助"，时刻提醒自己即是"勿忘"。

最后来说说"莫问收获"，因为收获是结果，结果与内外因同时有关。而外因是不能人为控制的，所以莫问收获是检验修身成果的重要指标。所以对于修身者来说，要关注时时刻刻、分分秒秒的起心并努力让心处于静安与光明的状态，而不只是关注事情的结果，也即"念念不忘光明此心，随缘抵达此心光明"。所以对修身的人来说，不问结果只问心，问心安否。《论语》中记载了宰我和孔子的一段对话，对我启示很大——宰我问：

"三年之丧，期已久矣。君子三年不为礼，礼必坏；三年不为乐，乐必崩。旧谷既没，新谷既升；钻燧改火，期可已矣。"子曰："食夫稻，衣夫锦，于女安乎？"曰："安！""女安则为之！夫君子之居丧，食旨不甘，闻乐不乐，居处不安，故不为也。今女安，则为之！"人生最大的收获莫过于"心安"——尽心知性、明心见性、此心光明。如何做到"心安"呢？时时刻刻听从于良知，以良知为师，即可。

八、生命境界

我把人的生命境界分成 10 个前进的阶梯，读者朋友如果认同的话，可以寻找自己的位置及想达到的位置，以明确生命的方向。在详细阐述这 10 个阶梯之前，我先做两点说明：一、公与私是相对的概念，相对于个人而言，家庭和企业是公；相对于家庭和企业来说，社会是公。一般而言，能量越大的人，公的范围就越宽广。老百姓心中的公或许就是家，小老板心中的公或许是公司，大老板心中的公或许是产业乃至整个社会，这样的老板才是真正的企业家。二、在我所阐述的生命 1.0 到生命 9.9 的内涵和外延时，所说的私是指个人、家庭，甚至是公司之私；所说的公是指天下之公、社会之公，但为社会公共机构服务的公不在其列。比方说，景区管理人员管理公共景区，此公的本质是工作，所以是私。某个老板为社会建了一座桥，但以得到约定的商业回报为前提，此公不为公，所以是私。这里所说的公是指默默地奉献社会，真心不求回报的公心。

生命 1.0 境界——损公大私。这种人往往以牺牲公家或社会的利益来满足自己的大私欲。例如：开跑车的人用轰隆的排气筒声满足自己炙热的私欲（专业赛场除外），却不顾路人和居民的感受；卖假酒、假药的人却开着豪车和私人飞机；演艺圈的人赚着不合天理的钱，逃着不合天理的税。这些都是无知无畏的蠢人、烂人、非人，我相信恢恢之天网，定会疏而不漏。当然，朝着地球母亲非法排污，掠夺式开发地球资源而获利者也属于"损公大私"。尽管现实的环境和竞争的压力让人很无奈，但也不能因此而同流合污，做人还是要有底线的。

生命 2.0 境界——无公大私。这类人常常奉行"各人自扫门前雪""人不为己，天诛地灭"之类自欺欺人的人生信条，他们眼中完全没有公的概念。这类毫无公心却自私自利的人实在太多了，无论他们是硕士还是博士，是富二代还是官二代，我都称他们为普通人中的普通品。

什么是公？真心奉献就是公。有钱人出钱做慈善，没钱人出力做公益，周末到景区捡捡垃圾总可以吧？为公关键不是钱，而是心。如果你准备这么干，就快进入到**生命 3.0 境界——微公大私**。为了更清晰地把话说明白，我僵化地将"1% 的公 +99% 的私"界定成微公大私。以出钱出力来说，年薪 10 万的人，拿 1 000 元出来做慈善，不会因此致贫吧？年薪百万的人拿 1 万出来做慈善，不会因此破产吧？千万收入的老板拿 10 万出来奉献社会，可以吗？每个人一年都有 365 天，抽个三五天时间，带着孩子到景区捡捡垃圾，不是很快乐吗？我称微公大私的人是普通人中的精品，见到这样的人，我都会竖起大拇指。

如果此人能让公心继续扩大，就进入了**生命 4.0 境界——小公大私**。为了更清晰地把话说明白，同样，我僵化地将"4%的公 +96% 的私"界定成小公大私。再以出钱出力来说明，年薪 10 万的人拿 4 000 元出来做慈善，年薪 100 万的人拿 4 万出来做慈善，千万收入的老板拿 40 万出来奉献社会。一年有 365 天，每月花一天去做公益，关心留守儿童，看望孤寡老人，关心环卫工人，捡捡垃圾等。如果我们真的发此公心，就一定能达到这种生命状态，这类人是普通人中的极品，见到这样的人，我都会竖起两个大拇指，衷心赞叹，中国会因这样的人而更美好，社会会因这样的人而更和谐。

如果一个人能不断地扩大公心，将自己 20% 的财与力投放在社会之公上，此人的生命境界就完成了一次质的蜕变，即从芸芸众生的普通人蜕变成芸芸众生口中的高人，这就达到了**生命 5.0 境界——少公多私**。当然普通老百姓的财和力都很难达到这个境界，所以接下来的文字是给有缘的老板们看的。我希望中国的老板们能将个人的钱和企业的钱分开来，用个人的钱做纯纯粹粹的慈善，该多好啊！天下财富本来就是天下的，我们在时代的滋养下赚了钱，要懂得感恩时代。能把 20% 的钱奉献给社会，80% 的钱留给家人，这不是很有智慧的活法吗？我称这样的老板为登堂级高人。

如果这样的老板能继续扩大公心，能将个人财富的 50% 分享给社会，50% 留给家人，这样的人就达到**半公半私的生命 6.0 境界**，我称这样的人为入室级高人。

登堂不入室可惜了，入室不入道也可惜。如果这位老板能继续扩大公心，将 80% 的财富奉献给社会，恭喜！此人的生命境界完成了又一次质的蜕变——入道，达到**多公少私的生命 7.0 境界**，能够称得上善人了。

如果这位老板继续扩大公心，能将 96% 的财富奉献给社会，恭喜！此人的生命境界达到了**大公小私的生命 8.0 境界**，这才是真正的大善人。王凤仪老先生就是这样的大善人，这是很高的生命境界。我想，邵逸夫先生和余彭年先生，大概能达到 8.0 的生命境界。

如果这样的大善人能继续扩大公心，勇猛修身，履道而行，俯仰天地，或许也能抵达由仁义行的大贤人之境界。范文正公和阳明先生就是这样的**大公无私的 9.0 生命境界**。

生命 9.9 是万物同体、无公无私、从心所欲的生命状态，堪称圣人之境，万世师表孔子当之无愧。

九、此心感动

从孔子到阳明，我的生命被滋养。从孔子的颠沛流离到阳明的被贬龙场，我的生命被感动。从孔子的"我欲仁，斯仁至矣"到阳明的"圣人之道，吾性自足，不假外求"，我的信心被激发。修身是一件很简单的事，正所谓"放下屠刀，立地成佛"；修身又是一件很难的事，正所谓"天下国家可均也，爵禄可辞也，白刃可蹈也，中庸不可能也。"阳明先生说，修身之学的四个关键是"立志、勤学、改过、责善"；孟子说，"恻隐之心，人皆有之；羞恶之心，人皆有之；恭敬之心，人皆有之；是非之心，人皆有之。恻隐之心，仁也；羞恶之心，义也；恭敬之心，礼也；是非之心智也。仁义礼智，非由外铄我也，我固有之也，弗思耳矣。故曰：'求则得之，舍则失之。'"所以，带着修身的喜悦和感动，我写下这段借喻式的修身体悟。

我常年住在一所阴暗、潮湿又拥挤的小房子里，过着恐惧、焦虑、抱怨、郁闷又纠结的生活，当然偶尔也会感受一些来自感官层面的快乐。但这种所谓的快乐也在日复一日的重复中寡淡了，麻木了。

择不处仁，焉得智？我想走出这所充斥着恐惧、焦虑、抱怨、郁闷和纠结的小房子。

听智者说，我还有一所大房子，面朝大海，四季如春，阳明明媚，鸟语花香。我立志要找到这所大房子。我如饥似渴地、坚持不懈地学习智者指引我的圣贤文化。

终于有一天，我看到了那所大房子，它仿佛近在眼前又好似远在天边，仰之弥高，钻之弥坚，瞻之在前，忽焉在后。

我立志要走进这所大房子，我勤学苦练，改过责善，博之以文，约之以礼，终于我找到了两所房子之间最近的一座桥。细细打量，桥面是由不同形状的黄金铺成的，有恻隐形状的黄金，有羞恶形状的黄金，有恭敬形状的黄金，有是非形状的黄金。

我像王子一样踩着黄金大道走向这所属于我的大房子，我一步一个脚印，时而踩着恻隐形状的黄金前行，时而踩着羞恶形状的黄金前行，时而踩着恭敬形状的黄金前行，时而踩着是非形状的黄金前行。仿佛每走一步，黄金的光芒都照耀着我的心，我离大房子越来越近，大房子的光也照耀着我的心。

我就这样年复一年地前行着，我不知道走了多远，也不知道离大房子还有多远，只是感觉我的心越来越光明清澈，我的生命越来越轻盈自在。

第二篇
齐家篇

　　我写过一本家庭教育方面的书《智慧父母：四堂修炼课》，由北京理工大学出版社出版发行；也合作译注过被誉为百代家训鼻祖的《颜氏家训》，由上海古籍出版社出版发行。如果读者朋友对这个领域感兴趣，欢迎关注。因此在这个环节，我就用较少的文字描写齐家篇，尽量做到本书与上述两本书内容上的差异性，否则有新瓶装老酒之嫌，此心不安。同时我坚持将中国传统文化的精华渗透到本篇中，虽然降低了阅读的通畅度，但我希望这是一本可以多年后还能拿出来玩味的书，而不是读完就丢的书。如果要出快餐书还不如直接在网络平台上发布，何必砍伐大自然的树木来印刷呢？

第一章　教育孩子

　　教育孩子相当于扣人生的第一粒纽扣，如果第一粒扣错位了，后面要修正的话，是需要花很多时间和精力的。我女儿目前正处于青春期，算不上叛逆，但青春期的问题还是比较多的。价值观的简单幼稚和不成熟，往往表现在行为上，坏习惯还是不少的。作为爸爸，我看在眼里，急在心里。我常和女儿说一些如下的观点："爸爸并不关注你考什么大学，也不关注你能不能考上大学，甚至能接受你初中毕业就辍学，但爸爸在乎你身上一些重要的品质和行为习惯。这些东西会伴随你一生，现在不纠止，越长大就越难改变，并直接决定你未来的竞争力和幸福指数。爸爸的一些员工都是刚大学毕业不久的哥哥姐姐，有些被爸爸开除了，为什么？就是因为他们身上有一些恶习或不受欢迎的品质。难道他们天生就是这样吗？难道他们真的比其他年轻人差吗？不是！更多的原因是他们在成长过程中的一些思维、品质和习惯在不知不觉中被家庭和社会带偏了。在孩子的成长过程中，父母有着不可推卸的责任。所以爸爸今天对你的每个建议都是着眼于未来的。"

　　无论任何时代，人与人的竞争都体现在五个字上：德、智、体、美、劳，而家长更多的是把精力和财力花在"智"和"美"

上，这是红海竞争的教育思维。但在"智"和"美"上大花功夫最多只能让孩子不被社会边缘化，而想让孩子超越是很难做到的。我个人比较提倡的教育思维是"跟随红海，加强蓝海"。在"德""体""劳"上花功夫——带孩子做家务，收获爱劳动的好习惯；带孩子运动，收获健康的身体，确保读书有精神；带孩子读国学，收获有德的灵魂。

过去人们说"德智体美劳"五育并举时，将"劳"放在最后一位，因为在彼时彼刻的农业时代，"劳"是每个学生的必修课。而在如今这个机械化、自动化和人工智能的时代，不要说孩子，连大人也很少"劳"了，所以我提倡如今五育的次序是"劳德智体美"。劳动本身就是美德，劳动本身就是智慧，劳动也会锻炼身体，劳动人民最美。相反，不劳而获、投机取巧者则是丑陋的。希望有智慧的父母让孩子劳动吧，孔子说："爱之，能勿劳乎？"

孩子是未来的希望，是家庭的希望，是国家的希望。无论一个人的事业如何成功，都不能忽略对孩子的教育。事实上，越是成功的人越注重对孩子的教育，而普通家庭往往由于认知不足或资源匮乏而忽略了对孩子的教育。

百年大计，教育为本，只有把教育做好了，家国才有未来，正所谓，本立而道生。至此，我明白了为何孔子能历经数千年而越发光辉灿烂，因为孔子是开平民教育的华夏第一人，在孔子之前，只有"上等人"才有享受教育的资格，"下等人或民"是没有资格享受教育的，唯从孔子开始才推行"有教无类""自行束脩以上，吾未尝无诲焉"。自此以后，教育对华夏民族的延续发展起到了不可估量的价值。

第一节　以子为师，与子交友

我在拙作《智慧父母：四堂修炼课》中提出一个教育观点，在读者心中和网络上引发了一些共鸣。我提出"师友教育理念"——以子为师，与子交友——"7 岁以前你是我的老师，7 岁以后你是我的朋友"。这个教育观点得到了很多媒体的报道，中国新闻网、中国青年网、新华社旗下新华网及各大商业门户网站都报道过。新华网的那篇报道更是创造了 81 万的超高人气阅读量，这也让我更加坚信了这个教育理念的主流认同和广泛的群众基础。

以子为师：在写拙作时，我儿子快要上小学了，我确确实实以儿子为师，从儿子身上学到了很多，体悟了很多，主要是对生命本质的理解和感动。

场景一：我常被他天真烂漫的笑脸感染，他一次次教会了我笑，教会了我什么是真正的笑。我不由地想起一首歌——你笑起来真好看，像春天的花一样，把所有的烦恼、所有的忧愁统统都吹散。

场景二：他心手合一地在墙上和纸上画了各种奇奇怪怪的符号，每个符号都那么和谐与冲突——冲突中的和谐，和谐中的冲突。他的笔下有大人、小孩、天空、星星、飞船、小鸟、花草树木、山川河流……好一派鸢飞鱼跃、天人合一的气象，让我更加相信世界的美好和未来，正如食指在《相信未来》中写的："用孩子的笔体写下——相信未来。"

场景三：他对世界充满了好奇，总是不停地问为什么？为什么？为什么？很多时候我都不敢正面回答，生怕将他的世界僵化了，也怕被他的下一个为什么难倒。我想到了日本丰田公司的一个要求，遇到问题要问五个为什么，或许正是这种好奇与探索的精神让日本人在近代社会取得了举世瞩目的成就。我又联想到中国教育和日本教育对历史问题的考核方式，中国的考试题目问：甲午海战是哪一年？而日本的考试题目则问：如果中日再打一场甲午海战，日本还能赢吗？为什么？

场景四：他一个人躺在地板上滚来滚去，有玩具就玩玩具，没玩具就玩手指，自言自语，不亦乐乎。无论何时，只要他玩起来，都很认真，很投入，很忘我，这不正是正在修行的我所追求的一心不乱的状态吗？这不正是我一直要寻找的乐子吗？事实上，我们成年人很难找到乐子，或者很难找到自己和自己玩的乐子。大多数成年人一想到乐子，就是聚会和旅行之类的吃喝玩乐。事实上，真正的乐子就在身边，只要我们也具备孩子那种化腐朽为神奇的智慧——自得其乐的智慧，我们也能随时随地乐在当下。

场景五：有时候，儿子和我聊嗨了会说"人就是巨型大便"，我说"别瞎说"。但仔细一想，儿子说得没错啊，人在很多时候就是巨型大便啊，所以人们常骂人像狗屎。事实上，人心之恶臭，比之大便，有过之而无不及，所以庄子用很多形残心全的人来讽刺那些形全而心残的大便之人。从这些意义上说，孩子是有大智慧的，孩子是父母的老师，至少儿子是我的老师。

场景六：有一次，我们从车库往家里走。一不留神，儿子不见了，吓得我大声叫喊，听到儿子在楼下回应我，才感到是虚惊一场。我带着责骂的语气对他说："你怎么不跟在我后面呢？跑哪里去了？"他说："我走大路回来的啊。"我很不解地问道："你怎么走大路了，再走给我看看。"我把他拉回车库的入口，儿子指着另外一条路说："我走这条路，这条路是大路啊。"我无话可说，儿子说的那条路确实是大路，只是离单元门的门口远一些而已，所以很多人都不走那条路而选择走另一条更近的路。我把儿子抱在怀里对他说："儿子，你真棒，你说得对，你走的确实是大路，爸爸走的是小路，以后爸爸也和你一起走大路。"这让我想起了《孟子》里的一段话："居天下之广居，立天下之正位，行天下之大道；得志与民由之，不得志独行其道。富贵不能淫，贫贱不能移，威武不能屈，此之谓大丈夫。"我开始带儿子读这段话，未来等他长大一些后，我还要把这段话和这个故事结合起来讲给他听。

如果父母真能谦虚地体会孩子，从纯粹的生命层面去体会孩子，会发现孩子真是我们的老师。孩子是上天派来教化我们的老师，是帮助我们擦拭心灵灰尘的老师。很多父母担心孩子太单纯，连假话都不会说，担忧孩子未来在社会上如何立足，而我认为，"不说假话，敢说真话"恰恰是一个人良心未泯的表现。事实上，当所有人都为皇帝的新装鼓掌时，唯有那个孩子敢说出皇帝没穿衣服，这不是一种生命的感动吗？这不是对成人世界的巨大讽刺吗？

与子交友：很多 70 后、80 后的父母越发觉得自己和 90 后、00 后的孩子们无法沟通，亲子之间的沟通也仅限于基本的吃喝方面的话题，很难有精神交流。为什么？因为 70 后、80 后的父母们大多是世俗甚至是俗气的一代人，一辈子都在追求"仓廪实"，也练就了如王熙凤一般世事洞明的本领和贾政一般"俗儒"的气质；而 90 后、00 后们一出生就生活在"仓廪实"的物质环境中，于是直接追求"知礼节"，很多孩子活成了贾宝玉一般出淤泥而不染的气质。所以当 70 后、80 后父母将王熙凤那般练达的"混世学问"和贾政那般洞明的"官场学问"分享给他们家的"贾宝玉"时，矛盾不言而喻。这样的父母又如何能和孩子交朋友呢？答案不言自明。

我女儿正在读初二，我一直告诉她，我想和她成为好朋友，也在努力靠近她。我深知，只有和她成为朋友，她才会告诉我她那些"少年维特的烦恼"。我想象着朋友之间的相处模式是怎样的，行为习惯又是怎样的，我尝试着用他们的语言、眼神、表情和肢体动作与之沟通。比方说，有时候，我和她躺在床上沟通，倒在沙发上沟通，而不是一本正经地说话，我们之间像闺蜜谈秘密一样。在她做作业的时候，我突然打个响指、吹个口哨、嘣个嘴、挤个眉毛、弄个眼、挠个头发或捏个脸，当然我也不是刻意如此，只是觉得和孩子们在一起，我有些情不自禁。当然和孩子们相处，我也是多变的——有时让他们理解"春有百花秋有霜，夏有凉风冬有冰"，有时让他们感受"嬉笑怒骂皆是文章，酸甜苦辣才是人生"，还要让他们感觉"哭不出来笑不出，老爸是爸亦是友"。

如今的社会环境、网络环境、学校环境都非常复杂，抑郁、沉溺游戏、抽烟酗酒、早恋时有出现，见怪不怪，我来说三个场景，希望引起家长朋友的关注。

场景一：有一次我在打篮球，听到球场上初中生模样的孩子们的聊天，出口成黄，有些词句根本不堪入耳，比成年人还没有羞耻感。事实上，我大概能想象，这些孩子的主流沟通氛围就是这样，不如此就无法被团体接受。我们年轻的时候也会有这样的语言，只是程度比现在的孩子要轻。这样的语言和习气，很容易被社会上的污秽力量所吸引，抑或说已经被吸引了，所以才有如今的出口成黄。事实上，在手机横行的年代，他们对"黄"的理解比我们（他们的父母辈）要深刻、直接、广泛得多，负面效应也会大得多。

场景二：有个北京的90后学生，从加拿大留学回来，他告诉我，很多中国留学生都尝试过吸大麻，甚至有些孩子常年不去学校读书，反正父母也看不见。他自己就整整一年没上学，打了一整年的游戏。不过他的智商还不错，竟然拿到了学位证书，回国工作后也能自我反省，迷途知返，价值观也越发成熟，并继承家业，但并不是每个孩子都有他这么幸运并及时找到人生的正确方向。

场景三：有个杭州的90后学生，她告诉我，有一次，她突然发现她的表妹抽烟了，这让她惊讶不已。因为在她的印象里，表妹乖巧听话、清纯可爱，从小到大都是学霸，并考上了中国很好的艺术院校，是父母和亲戚眼中不折不扣的好孩子。她表妹的解释很简单："如果不抽烟，我在我们艺术学校是混不下去的。"其实我的学生继续对我说，现在年轻人搞同性恋是一种时尚，其实很多同性恋都是假的，就是为了玩，但搞着搞着可能会真的改变性取向。

说完这三个案例后，我陷入了沉思，我不禁要问，弄假成真的同性恋离我们的孩子有多远？抽烟、酗酒、吸毒、沉迷游戏离我们的孩子有多远？父母如何防止并控制这些事情呢？我的答案是，无法控制也无法防止，只能更早地知情并及时引导。但问题的关键是，孩子既然要干，就一定会千方百计地不让父母知情。就算知情了，我相信大多数父母都是怒不可遏的，一肚子委屈和失望瞬间转化为抱怨、批评、指责甚至打骂之类的粗暴教育，甚至会让事情越发糟糕。

为什么？因为孩子软硬不吃，不愿意与父母沟通。事实上，世界上最难得的是找个能说说话——说说心里话的人。婚姻中亦是这样，如尼采所说，"不幸的婚姻不是缺乏爱情，而是缺乏友情。"很多人之所以沉溺游戏和网络，甚至是自杀，就是因为他们在现实世界中找不到可以说话的朋友，尤其是找不到可以有温度地面对面说话的朋友。要是和家人也无话可说，那么他只能沉溺网络，抑或是抑郁自杀。所以我特别强调父母要和孩子交朋友——可以说话的朋友，甚至要像知己一样聊天或默不作声却心灵相通的朋友。果真如此，那真是人间最美的画卷。

由于我在女儿小的时候，忙于工作，对她疏于陪伴，每当和女儿关系变差时，我就真诚、弱势且愧疚地对女儿说："爸爸在你像弟弟这么大的时候，由于无知，也由于第一次做爸爸，没有很好地陪伴你，希望你能理解爸爸。如今爸爸真的希望和你成为好朋友，如果你不愿意，那一定是爸爸的问题，请告诉爸爸为什么，爸爸愿意改变，愿意为你改变，你是我最重要的人。"到目前为止，我和女儿的朋友关系还不错。随着女儿的长大和我的觉醒，我也逐渐学会了如何做爸爸。所以儿子出生后，我就很注意陪伴，科学的陪伴，有效的陪伴。在陪伴中玩出感情，在陪伴中确认并加强价值观和共同遵守的信条，我经常和儿子重复三段游戏式的问答。

问答游戏一：

爸爸问："儿子，你最好的朋友是谁？"

儿子答："是爸爸。"

爸爸问："儿子，你知道爸爸最好的朋友是谁吗？"

儿子答："是儿子。"

然后，我们再将角色互换，变成儿子问，爸爸答。

儿子问："爸爸，您最好的朋友是谁？"

爸爸答："是儿子。"

儿子再问："爸爸，您知道我最好的朋友是谁？"

爸爸答："是爸爸。"

问答游戏二：

爸爸："儿子，我们之间只有一个字，是什么？"

儿子："爱。"

爸爸："两个字，是什么？"

儿子："感恩。"

爸爸继续问："感恩什么？"

儿子继续回答："感恩爸爸是我的爸爸。"（当然，爸爸也回答，感恩儿子是我的儿子。）

爸爸："三个字，是什么？"

儿子："真善美。"

爸爸继续问："真善美是什么？"

儿子继续回答："敢说真话的真，与人为善的善，成人之美的美。"

问答游戏三：

爸爸："儿子，你走什么路？"

儿子："大学之道。"

爸爸继续问："怎么走？"

儿子继续回答："在明明德，在亲民，在止于至善。"

爸爸："你生什么气？"

儿子："浩然正气。"

这样的游戏是有明显效果的。有一次，我带他回老家，由于过敏和被蚊子叮咬的问题，他的身上出现了水泡，结了很多痂，孩子很痛苦，看得我也难过。我对他说："爸爸对不起你，没照顾好你，你怪爸爸吗？"儿子说："不怪。"我问："为什么？"儿子说："因为爱。"我很感动。

如果有人问"能否用一句话告诉我教育孩子的有效方法"，我一定回答："和孩子成为朋友"。但能做到这一点很难，需要父母拿出诚意和沟通技巧。如果读者朋友还希望更多地了解我的家庭教育思想，请参阅拙作《智慧父母：四堂修炼课》的第二课和第三课，里面有详细阐述。接下来，我会花更多笔墨从被宋朝开国宰相赵普誉为"半部论语治天下"的《论语》的角度来阐述关于孩子的教育问题。

第二节 《论语》与家庭教育

现在的教育理论和方法可谓百花齐放，层出不穷，我们很难说哪种教育理念是正确的。事实上，我们探讨一个东西正确与否时，应该要从时间的维度来观察。人们之所以对转基因食品有所担心，就是因为转基因食品被验证对人无害或有益的时间区间太短。人的身体如此宝贵，仅从实验室数据或几十年时间来判断某食品对身体无害或有益是浅薄的。教育是滋养人心的精神食粮，但我们正在倡导的某种时髦的教育理念也可能是未经时间检验的"转基因教育理念"，需慎之又慎。所以在本节内容中，我想用跨越两三千年的"非转基因"经典智慧——《论语》，来解读家庭教育的问题与现象。

【一】

子曰："学而时习之，不亦说乎？有朋自远方来，不亦乐乎？人不知而不愠，不亦君子乎？"

解读一："学而时习之，不亦说乎？"的意思是："学了之后要时时温习和练习，不是很愉悦吗？"

反观今天的父母，更多的是关注让孩子"学"，却未关注让孩子"习"。就以弹钢琴为例，很多父母的关注点都在考级上，一听到考试，孩子自然不想练习和复习，所以很多孩子就学得很辛苦。我女儿的钢琴也要考八级了，但我经常动员她放弃考级。我对女儿说："我只希望钢琴能给你带来快乐，而不是成为绑架你的绳索，或成为你未来炫耀技艺的筹码，我建议你带着这样的心态去学弹钢琴。"

《礼记·学记》云："是故学然后知不足，教然后知困。知不足然后能自反也，知困然后能自强也。故曰教学相长也。"所以教别人不仅是学的过程，而且还是习的过程。风靡世界的费曼教学法也强调，要想学得效果好，就得像老师一样将所学的东西教别人一遍。有媒体曾报道过一个故事，说一个农家出了两个985大学的高材生，这在当地成了新闻。记者问孩子的父亲用什么方法培养了这么优秀的孩子，父亲说，由于自己没有文化而又想学习，就让孩子教他。于是孩子每天把在学校所学的课程教父亲一遍。慢慢地，父子都成长了，尤其是孩子，成绩一直很好，最终两个孩子都考上重点大学。我想能考上好大学的因素有很多，但孩子教父亲或许才是关键。与其说这位父亲暗合了费曼教学法，亦可说这位父亲用了孔子的"学而时习之"的教育之道。

解读二："有朋自远方来，不亦乐乎？"的意思是："有志同道合的朋友从远方来与我交流切磋，不也很快乐吗？"

这段文字给父母的启示是，要鼓励并引导孩子去交朋友，更关键的是要交志同道合的朋友。其实这是很难的事情，今天人们很难找到志同道合的朋友，最多只是兴趣爱好相同、话题投机或利益相关的朋友。事实上，大多数父母也不理解志同道合的意思，所以就很难引导孩子去靠近"志"和"道"，甚至还会打压孩子的志和道——别想那些乱七八糟的，先把书读好，考个好大学，找份好工作。

解读三："人不知而不愠，不亦君子乎？"的意思是："人们不懂我，我也不郁闷、不怨恨，不正是君子的风范吗？"

这是非常重要的人生价值观，要做到"人不知而不愠"，就要学会自娱自乐，自得其乐。我认为自得其乐的最好方法是阅读。我常说书中未必有黄金屋，也未必有颜如玉，但爱读书的人一定能在阅读中自得其乐，没有任何一项爱好能如读书一般让人如此持续地自得其乐。有人说，弹琴、练书法和绘画也能自得其乐，其实很难，因为这些都和艺术沾边，容易陷入追名逐利中，很难做到"人不知而不愠"。所以父母无论怎样都要培养孩子爱阅读的习惯，相对而言，阅读更能培养孩子"人不知而不愠"的气质。阅读时，孩子能和书合二为一，所以当书本外面的世界不知道他时，他就不会郁闷。事实上，很多人在处于人生谷底的清苦岁月时，都是靠着阅读才走出困境的。

【二】

子曰："学而不思则罔，思而不学则殆。"

解读：这句话的意思是，只学习却不思考就会学得杂乱而迷惘，最终一无所获；只思考却不学习就会越想越封闭、越自我，这样很危险。

事实上，成绩特别好的孩子都是善于思考的，能做到举一反三；而成绩普通的孩子则往往不知变通，如果再不努力，成绩很容易就垫底了。所以家长要引导孩子去思考，也就是说要教孩子如何去思考。而如今，很多孩子都在用百度查学习答案，这是很糟糕的习惯。有一次我参加家长会，老师就指出这种不良的学习现象，但似乎这又是一个难以逆转的普遍现象。就好像人人都用催熟剂，你不用就淘汰，用了又会出问题，这是教育领域的恶性循环，学校和社会已无法掌控。所以家长必须要思考，如何把握和引导孩子合理地使用手机和百度，否则手机和百度会毁坏孩子的思考能力。

从另一个层面来说，如果只是一味地引导孩子思考而不考虑孩子的知识结构，也会徒增孩子的压力和挫败感。有些题目是需要用新的工具和方法来解题的，这在我们读书的 20 世纪八九十年代很少出现，但在今天的学习节奏中却经常出现。一年级的题目需要用二年级的知识结构来解决，这样的节奏很容易把孩子逼疯，所以很多孩子在幼儿园就开始学小学的东西了，否则孩子到了小学就无法跟上同学们的学习节奏。写到这里，我的内心升起一股莫名的悲伤感，中国的教育到底怎么了？

【三】

子曰："巧言令色，鲜矣仁。"

解读：这句话的意思是，一个人满口说着花言巧语，满脸装得和颜悦色，是很少有仁德之心的。

令人遗憾的是，今天的家长正想着法子让孩子学习如何说讨人喜欢的话，甚至还有很多家长教孩子如何讨老师喜欢、讨同学喜欢。如果孩子做不到，还责怪孩子笨，以后没法立足社会。市面上有很多青少年口才培训班，就是教孩子如何伶牙俐齿、口若悬河，但却忽略了孩子德性的培养。

口才是个好东西，我也提倡口才。但口乃心之门户，如果心不正，越好的口才对社会的伤害就越大。当然这样的伤害最终必将反作用于个人身上，让个人受伤。我看到了这样的问题，也曾尝试在市场上推广"少年正气说——演讲口才"的课程，我将孟子的"浩然正气"、文天祥的"天地有正气"和梁启超的"少年中国说"之精神融入课程中，但家长们对此却没有兴趣。大多数家长只希望自己的孩子在课堂学一些类似于相声和小品的语言能力，模拟主持人说几句台词，或装腔作势地背几句古诗或讲几个故事。突然我明白了，中国少儿才艺培训市场要的不是真正的学习，而是玩——娱乐至上的玩。

巧言令色和刚毅木讷是一对反义词，前者是孔子反对的却是家长喜欢的，后者是孔子提倡的却是家长讨厌的。事实上，在很多二胎、三胎家庭中，父母将更多的爱、赞美和掌声给了巧言令色的孩子，而有意无意地冷落了刚毅木讷的孩子，这无形中毁了两个孩子，悲哀。

【四】

曾子曰："吾日三省吾身，为人谋而不忠乎？与朋友交而不信乎？传不习乎？"

解读：这段话的意思是，我每天多次反省自己，帮别人办事我尽心尽力了吗？与朋友交往时我是诚实可信的吗？老师传授给我的学问我复习了吗？

人非圣贤，孰能无过？过而能改善莫大焉。因为有反省，所以才能改过。当孩子遇到问题时，父母不要一味地指出孩子的错误。一来父母眼中的错误未必是孩子认同的错误，强行给孩子贴标签会遭到孩子的反感，很多亲子矛盾因此而产生，乃至不可调和；二来如果每次都是父母给孩子答案，会让孩子失去反省能力。然而遗憾的是，大多数父母却经常告诉孩子答案——问题的答案、对错的答案、人情的答案、事理的答案。

晚上关灯睡觉时，偶尔我会和儿子聊聊天：今天和同学在一起有没有帮同学什么忙？有没有当成自己的事一样去做？今天和朋友在一起有没有说谎？有没有吹牛？老师教的东西有没有复习？虽然并未有什么答案，但我相信时间长了会提升孩子的反省能力，甚至是觉性。

【五】

子曰："君子不重则不威，学则不固，主忠信，无友不如己者，过则勿惮改。"

解读：这段话的意思是，君子不自重就没有威信，学问和修养也不会稳固。君子的修养应该以忠信为主，要看到每个人都有比自己优秀的长处，有了错误就不要怕改正。

孩子可以活泼，也应该活泼，少年气盛，青春靓丽，但这些表象的背后不能没有"自重"。尤其是女孩，如果从小不自重，长大后极有可能成为男人的附庸而随波逐流。当然这里的"重"不是指少年老成，也不是指一本正经，更不是指老气横秋，而是指在原则问题上的坚定和关键时刻的心态。比方说，女孩在约会时晚上十点前必须回家，不要穿暴露的衣服等，不要随便和男士发生关系，如此才会被人尊重，才会有威信。

父母要教育孩子，多看别人的优点，要相信即便成绩比自己差的人也有超越自己的优点，正所谓"尺有所短，寸有所长""三人行必有我师焉"。但很少有人能如此客观地看待周边的人，大多数人都受"羊群效应"的主导，觉得优秀的人什么都优秀，普通的人什么都普通。

父母要鼓励孩子敢于认错，敢于改过，而且父母也要带头认错和改过，这一点，我在《智慧父母：四堂修炼课》里做了详细阐述，有兴趣的读者可以参阅。

【六】

子禽问于子贡曰："夫子至于是邦也，必闻其政，求之与？抑与之与？"子贡曰："夫子温、良、恭、俭、让以得之。夫子之求之也，其诸异乎人之求之与！"

解读：这段话的翻译是，子禽向子贡问道："老师每到一个国家，一定会听到他们的国事，这是老师向他们提出了请求呢，还是他们主动告诉老师的呢？"子贡回答说："老师用温和、善良、恭敬、俭朴和礼让的人格魅力取得了别人的尊重，使得人们主动告诉他本国的政事。老师这种靠人格魅力而获得政事的方式，与其他人是很不一样的！"

这段文字有五个核心关键字——温、良、恭、俭、让。这是孔子的画像，我们今天看吴道子画的孔子行教图，确实传神地刻画了孔子温、良、恭、俭、让的气质。我曾受西方文化的影响而怀疑过这五个字，认为为人何必"温"呢？温和被人欺侮，刚爆才有力量；为人何必"良"呢？善良未必有好报，恶人反而吃香的喝辣的；为人何必"恭"呢？你对人越恭敬，别人就越不拿你当回事儿；为人何必"俭"呢？要是都俭的话，消费如何拉动，经济如何腾飞；为人何必"让"呢？机会有限，越让越吃亏。这些都是我曾经在某个时间段的认知，但随着我对世界认识的不断扩展，四十岁的我才真正理解孔子的智慧——温、良、恭、俭、让。这就是《论语》的伟大之处，越成熟的人越能理解其智慧。今天我要大声告诉我的孩子，爸爸理解、允许并接纳你的任何外在气质，但爸爸希望你们能尽快理解并践行温、良、恭、俭、让——温而厉，良而不被欺，恭而有礼，俭以养德，当仁不让。

【七】

有子曰："其为人也孝弟，而好犯上者，鲜矣；不好犯上，而好作乱者，未之有也。君子务本，本立而道生。孝弟也者，其为仁之本与！"

解读：这段话的翻译是，孝顺父母、敬重兄长的人，好犯上的很少；不好犯上却好制造麻烦的情况从来没有。君子专注于根本，根扎稳了，一切都有了。孝悌是行仁的根本！

人之德行的根本就是孝悌，但遗憾的是，今天的父母很少关注孩子孝悌的品质，而是将几乎全部的精力都放在孩子的琴、棋、书、画及能为考试加分的培训上，这正是中国教育的悲哀之处。从长期来看，这是极其有害的。比方说，部分孩子由于学习压力过大或父母的教育方式粗暴而选择跳楼，很多专家分析原因并给出相应的枝枝叶叶的解决方案。我觉得，如果孩子真正懂得孝顺父母，真正懂得"慕父母"，就一定能理解自己跳楼后父母的伤心欲绝而不会选择这样极端的处事方式。到底什么是孝呢？我再从《论语》中摘取相应的章句来集中说明。

子游问孝。子曰："今之孝者，是谓能养。至于犬马，皆能有养。不敬，何以别乎？"

子夏问孝。子曰："色难。有事，弟子服其劳；有酒食，先生馔，曾是以为孝乎？"

孟武伯问孝。子曰："父母唯其疾之忧。"

孟懿子问孝。子曰："无违。"

子曰："父母之年，不可不知也。一则以喜，一则以惧。"

子曰："父母在，不远游，游必有方。"

上述这些句子都是孔子回答学生关于"孝"的提问。从这些句子中可以看出：孝顺父母不仅仅是要分享美食给父母，更要尊敬父母，对父母和颜悦色；孩子需要知道父母的年龄；孩子出门需要告诉父母；父母和孩子之间可以亲密无间但要以礼相待。当然最难做到的孝就是"父母唯其疾之忧"，真正孝顺父母的孩子要做到除了不能人为控制的疾病外，其他生活和工作都不让父母操心。但反观今天的很多子女，无论是三四岁的小孩子还是三四十岁的成年人，都让父母操碎了心。

从小培养孩子"孝"的品质很重要。有一次，我带儿子回老家看爷爷奶奶，在服务区买了一根热狗，切成五六段。儿子说，我留两段给爷爷奶奶吃。孩子的举动让我很暖心。事实上，儿子对爷爷奶奶的孝顺也来自父母的教诲和言行举止的影响。再往上追溯，在我的记忆中，我的父母对我的奶奶也是很孝顺的，于是影响了我，我也影响了我的孩子，所以古人云："爱出者爱返，福往者福来。"为人父母，你对自己父母的孝顺程度，决定了未来你的孩子对你的孝顺程度。

接下来说说"悌"，悌是为弟之道。在古人的概念中，弟弟妹妹要尊重哥哥姐姐，不允许直接称呼哥哥姐姐的名字；如此一来，哥哥姐姐也自然更爱弟弟妹妹。事实上，很多父母多次对哥哥（姐姐）说："你是哥哥（姐姐），要让着弟弟（妹妹）。"当然，这样的教育观点也没错，但到底是弟弟妹妹先尊重哥哥姐姐，还是哥哥姐姐先让着弟弟妹妹呢？这就好比是到底先有蛋还是先有鸡。在此，我分享两个案例。

案例一：在我比较小的时候，老家有两位我爷爷辈的老兄弟，哥哥是普通的小学教师，弟弟是县医院的院长。院长在我们村已经算大人物了，但院长弟弟在教师哥哥面前却没有丝毫的傲慢心，对哥哥很尊敬。我父母常讲这个故事给我们两兄弟听，这或许是我对"悌"最早、最直观的印象。

案例二：浙江丽水的一个学生翁总对我说："我从小对哥哥姐姐，包括堂哥堂姐，甚至村里大宗族的哥哥姐姐都没叫过名字，人前人后都称哥和姐。"很显然这是家教严格的家族。当然家教严格且正派的家族也是兴旺发达的，翁总十几岁就闯荡社会，并在杭州立足。近三十年时间，在她的带动和帮扶下，她的家族有一百多人在杭州成家立业。

【八】

有子曰："信近于义，言可复也；恭近于礼，远耻辱也。"

解读：这段话的意思是，与人有约的事，只有合情合理合义，才能兑现和被兑现；对人恭敬，只有符合礼的要求，才能远离耻辱。

很多父母要求孩子说话算数，谈到说话算数，我们自然想到"言必信，行必果"，但很多人对这句话只知其一不知其二。孔子这段话的全文是——

子贡问曰："何如斯可谓之士矣？"子曰："行己有耻，使于四方，不辱君命，可谓士矣。"曰："敢问其次。"曰："宗族称孝焉，乡党称弟焉。"曰："敢问其次。"曰："言必信，行必果，硁硁然小人哉！抑亦可以为次矣。"曰："今之从政者何如？"子曰："噫！斗筲之人，何足算也。"

可见，代表说话算数的"言必信，行必果"只是第三等人。本段有子也说"信近于义，言可复也"，孟子也说"大人者，言不必信，行不必果，惟义所在"。所以父母一方面要教育孩子说话算数，另一方面也要告诉孩子，只有正确的事才需要信守承诺。比方说，告诉孩子，类似于答应同学去打游戏或从家里偷包烟出来抽，这些不正确的事，就算一时糊涂答应了，也要敢于说不！对这些事要再践行说话算数的原则，就太愚昧了。

再来说说"恭近于礼，远耻辱也"。人的劣根性往往表现在对地位低的人傲慢，对地位高的人谄媚。谄媚者多遭耻辱，所以恭敬要合于礼，否则就是谄媚，谄媚就会自取其辱。那人和人之间礼的原则是什么呢？《论语》云："礼之用，和为贵。"和是原则，也就是说人与人之间以礼相待，礼以和谐为贵，要让双方舒服自在，有些时候礼太多，双方都尴尬。比方说在很多饭局上，晚辈一次次地起身给长辈敬酒，一顿饭要吃两三个小时，晚辈要起身十多次，这实在是太过了。我觉得晚辈不舒服，长辈也不自在，这就是"恭而无礼"的现象。

【九】

子曰："为政以德，譬如北辰，居其所而众星共之。"

解读：这段话的意思是，领导者若要用道德品行来治理国家，他就像天上的北斗星一样，泰然地处于自己的位置，而众多的星辰都围绕着他。

苏州望族贝聿铭家族的家训中就有"为政以德，譬如北辰，居其所而众星共之"这句话。身为一家之长的父母就是家的领导者，其自身的道德品行非常重要，父母的言行举止和道德情操无不影响着孩子。我常在课堂上说："夫妻双方可以不为对方改变，但要为孩子改变，因为你们的行为会潜移默化地影响孩子。"

真正的教育不是用语言去要求，而是用行动去影响。正如《论语》所云："其身正，不令而行；其身不正，虽令不从。""政者，正也。子帅以正，孰敢不正？""苟正其身矣，于从政乎何有？不能正其身，如正人何？"

涉及具体的家庭教育，夫妻之间要相互以对方的正面案例来教育孩子，尽量少在孩子面前带着情绪化地说对方的缺点，相反，要尽一切机会赞美对方的好。有一次，女儿半夜牙疼，妈妈带她去医院挂急诊。第二天早晨，我问女儿："生病有什么感受？"女儿说了很多，我说："你说得很棒，但最重要的一条你没说到——妈妈很爱你，她是最好的妈妈。"

人们常说，现在的孩子结婚率降低，离婚率升高，为何？因为孩子们看到自己父母的婚姻其实并不幸福，长期的耳濡目染，孩子对未来的婚姻就产生了恐惧，于是不想结婚；就算结婚，也很容易离婚。很多数据和身边的案例都表明，从离婚家庭走出来的孩子更容易离婚，这就是原生家庭带来的直接或间接的影响。

如今的社会环境非常复杂，这是父母无法控制的。但为人父母一定要做好自身修炼和家庭建设，包括自己的习惯、家庭的卫生、摆设和沟通的氛围等，否则对孩子造成的影响是不可逆转的。请问，你准备好为人父母了吗——你的心态准备好了吗？能力准备好了吗？责任感到位了吗？居其所了吗？

【十】

子曰："视其所以，观其所由，察其所安，人焉廋哉？人焉廋哉？"

解读：这段话的意思是，要了解一个人，看他为什么要做这件事，再看他怎么去做这件事，还要看他平时的涵养，做这件事时所安之心及心安之处。这样的话，这个人是藏不住的。

这是孔子教我们怎样去了解一个人，当然也可以用于了解孩子。很多时候，父母一看到孩子打游戏就如临大敌，给孩子贴上不好好学习的标签、坏孩子的标签。事实上，正是这种简单粗暴的沟通，让孩子一次次地远离父母。我有一个学生叫龙浩，他在美国华盛顿大学读了本科和硕士，博士正要在哈佛和麻省理工之间做选择，是个大学霸，更是玩游戏的高手。用他的话说，他在玩游戏的过程中提升了英语水平，培养了团队精神和领导力。他直言不讳地说："不要禁止孩子打游戏，要给孩子装上全英文操作系统，全英文游戏系统，让孩子和外国人玩游戏，整个玩游戏的过程都需要强大的英语知识。"当然，像龙浩这样天才级的孩子是不多的，用这样的方式制止孩子玩游戏，或通过玩游戏学英语的方法也未必适合大多数孩子。但无论如何父母要先理解孩子玩游戏的动机，因势利导，而非一味地堵，更不是粗暴地贴标签。

再接着孩子玩游戏的话题谈，就算孩子玩游戏，也不需要过度紧张，而要观察孩子怎么去玩游戏？是否对身心造成影响？事实上，很多孩子只是想玩游戏放松一下，父母却人为地将问题严重化、扩大化，所以人的很多问题都是自己想象出来的，天下本无事，庸人自扰之；也有些孩子在现实世界找不到朋友或找不到成就感，需要到虚拟的游戏世界去寻找，父母要协助孩子找到朋友和成就感，如此一来，孩子自然就会远离游戏。

【十一】

> 子曰："君子不器。"

解读：这句话的意思是，君子不能像器具那样僵化，只具有一方面的功用和能力，更不能像器具一样，推一下就动，不推就不动。

君子要像"手"一样，干什么都行，能吃饭，能写字，能开车，能锄地，几乎无所不能。相比较而言，"脚"的功能就单一了，就"器"了。从这个意义上说，我倡导孩子们多才多艺，但到底多到什么程度，我建议"一二三，三二一"原则。一年级的学习压力小，可以报三个兴趣班；二年级的时候建议去掉一个兴趣班；三年级的时候建议只保留一个孩子真正感兴趣的兴趣班，并将其练成自己的绝活。

当然，这里的君子不器还用来描述人的主动性。这是一个很重要的品质和意识，从一定意义上说，这类品质和意识属于人的禀性，很难培养，父母可以通过后天的提醒与训练让孩子逐渐增强，但很多先天不足的部分很难强求。所以这方面的提醒与训练必须温和而有耐心，否则会适得其反。

有时候孩子的主动性不强，并不是因为孩子性格层面的原因，而是因为孩子对眼前的人、事或物不喜欢。正如有些孩子不喜欢读书，总提不起精神，哪来的主动性呢？所以父母不要让孩子在一条路上堵死，而要给孩子更广阔的空间。我常和孩子说，爸爸尊重你的任何选择，即便是初中毕业就辍学，爸爸都能接受。但你必须明确自己真正喜欢的事情是什么，纯粹的吃喝玩乐是不被接受的，这是底线，除此之外，我们可以畅所欲言地沟通。

【十二】

　　子曰："质胜文则野，文胜质则史。文质彬彬，然后君子。"

解读：这段话的意思是，质朴胜过文饰就会粗野，文饰胜过质朴就会虚浮。质朴和文饰恰当协调，才是君子。

物质世界的横流之水不但侵袭成年人，孩子也难于幸免，校服和书包虽然阻止了孩子之间的炫富，但鞋子却成了孩子竞相比拼的对象。曾看过一个令人心碎的报道，一个学生因穿了双假耐克而遭到同学耻笑，就跳楼了。这不得不引起我们的思考，孩子的外在形象到底如何把握？标准是文质彬彬，这是孔子永不过时的忠告。事实上，穿得太华丽会助长孩子的虚浮之心，穿得过于简陋会让孩子遭受同学耻笑，易产生自卑感。所以我建议让孩子穿没有品牌的或普通品牌的衣物，但不可以穿假名牌。我给孩子购买李宁、安踏等运动品牌而不是所谓的国际品牌，就是希望孩子在穿着上能做到文质彬彬。

文质彬彬表现在穿着上还有两个原则。一、物尽其用原则。我曾经也很喜欢名牌，但我基本上都将东西用到极致。我的一双拖鞋穿 15 年了，估计还能穿 5 年；我的手机基本上都要用三四年，或许你会问，手机的速度能跟上吗？这就涉及我要谈的第二个原则。二、一个不多原则。尽量清除不需要的东西，很多人的手机里、电脑里、家里都被塞得满满的。事实上，人所拥有的大多数东西都是没用的，更关键的是，人拥有的东西越多，真实的"我"就越被挤压。换言之，一个人拥有的物质越多，其拥有的精神就越少。关注"有"的东西越多，关注"是"的东西就越少。正如存在主义的一句名言："拥有就是被拥有。"

【十三】

子曰："温故而知新，可以为师矣。"

解读：这句话的意思是，能从旧知识中悟出新知识，就可以做老师了。

一般来说，在中国应试教育和考分教育的大背景下，孩子很难逃脱题海战术，刷题成了孩子每天的必修课。依照我当年的学习经验，与其不断地做新试卷，不如将曾经考过的试卷和课堂笔记拿出来复习，仔细思考当时为何出错，或许能发现新世界，这就是"温故而知新"。

按照记忆和理解的规律，孩子们去复习一两个月前的知识，会有一种俯视的感觉，对当时所犯的错误会有茅塞顿开的体会，并借由这样的茅塞顿开，开启学习的兴趣。所以我强烈建议孩子在学新知的同时要温故，因为温故有助于学新，学新又有助于温故，二者相得益彰。

当然，温故是有选择的，要温经典的书籍、经典的电影、经典的试题和自己的笔记。《论语》就值得我们读一辈子。比方说，我刚开始读"子在川上曰：'逝者如斯夫，不舍昼夜！'"时，只觉得这是优美的句子，想背下来，希望在某个交际场合说出来，以展现自己的"才华"。若干年后，我对这段话的理解是，时间如流水，我学会了珍惜时间。再过若干年，我对这段话的理解是，大道如流水，从此我也喜欢站在河边，看着流水，细细体会孔子当年的感慨。再比方说，《论语》中的一句话："人无远虑，必有近忧。"以前一直无法理解这句话的逻辑，突然有一天我明白了，孔子的远虑指的是"志于道"，如果一个人不志于道，就一定会志于衣食住行，一个关注衣食住行的人，一定会有得失之忧虑；一个志于道的远虑之人一定是快乐的——精神之乐、独立之乐、孤独之乐、自得其乐。

事实上，温故而知新的智慧在孩子身上表现得淋漓尽致。我儿子小时候，能把动画片看几十遍，故事听几十遍，以至于倒背如流。我相信，这些故事和动画片情节都会在孩子身上生根发芽并开出新的花果。很遗憾当我们长大后，温故而知新的智慧却丢失了，成了掰玉米的狗熊。我想原因有二：一、贪婪所致，不断追求新知识的贪婪；二、麻木所致，生活和工作被深度格式化，人们成了迷途的羔羊。

【十四】

> 子曰："攻乎异端，斯害也已。"

解读：这句话的意思是，一心研究错误的学说，很有危害啊。

吃错食物，身体会生病；读错了书，心灵会生病。所以父母要引导孩子读正确的书，听正确的音频，看正确的视频，和价值观正确的人在一起。

四大名著虽说是经典，但名著也会被误读，所以说"少不看水浒，老不看三国"，说的就是这个道理。水浒里的打打杀杀会增加孩子好斗的性格，不利于青少年的成长；三国里的老奸巨猾不利于老人放下身心，不利于延年益寿。佛经虽说是经典，但很多人会将其读歪，而对人生丧失热情，甚至进入寂灭态、神经态。经典尚且可能"有毒"，其他可想而知。

举例来说，20世纪七八十年代出生的孩子大概都看过香港"古惑仔"电影，其中有些人因此锒铛入狱。如今当我和同龄人谈到电影里的砍刀和文身时，曾经的"古惑仔"朋友们都对其持批判和否定的态度，后悔当初没有自制力。如果当初此类电影被禁止传播，很多青少年的心理或许会更健康。

异端文化不但能毁掉一个人，甚至还能毁掉一个国家。美国打着自由民主的幌子向世界传播的"奶头乐"计划——娱乐文化、性文化，甚至苏联解体也与此有些相关。近年来，中国加大对异端奶头乐文化的控制，却遭到所谓"自由民主"人士和所谓的"理论正确"人士的反对，我对这些反对始终抱着理解、担忧和悲哀的情绪。很多所谓的公知或青少年教育研究专家也过分强调要把选择权交给孩子、要尊重孩子的选择等冠冕堂皇的理论，殊不知，在孩子和国民没有选择能力与智慧的时候，过分地强调自由是家长和国家的不作为。

当这些异端文化理论遇到超级传播的短视频和互联网时，对社会尤其是对孩子又会产生怎样的伤害呢？——他们的眼睛因此而近视，思维因此而萎缩，心灵因此而粗糙。

【十五】

　　子曰："由，诲女知之乎！知之为知之，不知为不知，是知也。"

　　解读：这段话的意思是，子路，我告诉你什么是智慧！知道就是知道，不知道就是不知道（知我所知，亦知我所不知），这才是大智慧。

　　这是一种实事求是的精神，不懂装懂是学习路上的拦路虎。实事求是是自信的表现，自卑的人往往不敢承认自己的无知，自信的人才敢于承认自己的无知。从这个意义上说，苏格拉底和孔子都是最自信的人。苏格拉底曾说："我唯一知道的就是我一无所知。"孔夫子也说："吾有知乎哉？无知也。有鄙夫问于我，空空如也。我叩其两端而竭焉。"

很多父母喜欢粗暴地给孩子贴标签——"这个都不知道，真笨！""我就搞不懂，为什么怎么讲你都不懂呢？""你是猪啊！"或者有些父母虽然没有用这样的语言来讽刺孩子，但表情或微表情已暴露了对孩子的失望、鄙视和讽刺。长此以往，孩子就不敢承认自己不懂，为了防止被骂或为了让父母不失望，于是干脆承认自己听懂了。当然最后的结果必然表现在考试上，最终还是被骂，这就是部分孩子的现状，很显然这是失败的教育。成功的教育应该鼓励孩子实事求是的精神，知道就是知道，不知道就是不知道，不懂不羞耻，不懂装懂才羞耻。

【十六】

> 子曰："可与言而不与之言，失人；不可与言而与之言，失言。知者不失人，亦不失言。"

解读：这段话的意思是，可以说他却没有说，失掉了朋友；不可以说却瞎说，就说错话了。有智慧的人既不失去朋友也不说错话。

孔子的这段教诲是讲朋友间的相处及说话原则，我认为也很适合亲子之间的沟通。有人说，可与不可之间是距离，朋友之间要保持距离，而亲子之间应该是"亲密无间"的。事实上，正是这样的亲密无间才让很多家庭的亲子关系产生了问题。人与人的任何情感都遵循"距离产生美"的原则。

这是一个巨变又多元的时代，是一个否定一切又肯定一切的时代，是一个美好又糟糕的时代。在这样的时代中，我们到底如何教育孩子呢？教育理论众说纷纭，有些孩子被放养，有些被散养，有些被圈养，有些被教养，有些被滋养。仿佛一夜之间，父母和孩子之间的沟通都成了困扰彼此的大问题，以至于不知道哪些话该说，哪些话不该说，要么"失人"，要么"失言"。所以越是在这样的背景下越要回归经典，而《论语》就是经典中的经典。接下来我分享几个发生在我身边的家庭教育案例。

案例一：小时候，我常和儿子一起洗澡并对儿子说："以后爸爸告诉你'小鸟'的秘密。"儿子觉得很好玩，常追着我问："爸爸，你快告诉我小鸟的秘密。"我就对儿子说："那要等你长大，上三年级的时候，爸爸再告诉你。"事实上，我在儿子还小的时候就种下一颗"性教育"的种子，种种子就是"可言"，暂时不和孩子谈性的话题，就是"不可与言"。

案例二：我弟媳妇是个自我要求比较高的人，口才也很好，我常听到她对孩子说这说那，大概是"这可以，那不可以；这行，那不行"之类的要求和"理论正确"之类的价值观。我承认她说的都是对的，道理也讲得很明白，但孩子总是屡教不改，难道是孩子的问题吗？我不这么认为，我认为孩子都是很棒的，问题一定出在父母与孩子的沟通上。我建议她抓大放小，一段时间持续集中解决一个问题，不要什么都说，以致孩子无所适从。

案例三：青春期的孩子谁没几个问题，我女儿也不例外。我发现她有两个严重的问题，一个是习惯性驼背，没精神；另一个是习惯性混时间，效率低。于是我和女儿说："爸爸只关注这两点，第一个问题的改善方式是穿背背佳，第二个问题的改善方式是时刻觉察，爸爸愿意做你的小闹钟，随时提醒你。"即便我去外地出差，打起电话也问："亲爱的，背背佳背了吗？"弄得女儿有点哭笑不得，欲说还休，如果她看过《大话西游》的电影，一定觉得老爸和唐僧有得一拼。这就是我和女儿之间某个阶段的"可言"，否则会"失人"。

在孩子成长的过程中，哪些事可言，哪些事不可言，要视具体情况而定。但要抓住以下几个原则：一、损害身体的要言；二、底层价值要言；三、忠言不逆耳地言；四、抓大放小地言；五、集中重复地言；六、言必有中地言；七、能短不长地言。

【十七】

孔子曰："言未及之而言谓之躁，言及之而不言谓之隐，未见颜色而言谓之瞽。"

解读：这段话的意思是，没到说话的时候就说话，是急躁；到说话的时候却不说，是隐瞒；不看脸色而贸然说话，是瞎子。

说话是人的本能，但会说话却是本事。由于性格和成长环境不一样，有些孩子喜欢插话，犯了"言未及之而言谓之躁"的毛病，父母也常训斥孩子，"大人说话，小孩子不要插嘴"。我就是在这样的训斥和批评中长大，到现在我依然能记得当时委屈郁闷的画面，反观当初，自己做得确实有些不合适。当然我也能理解父母的教育方式，毕竟有特定的时代性。

虽然我觉得插嘴或打断别人的谈话不是好现象，但我结合自己小时候的体会及当今孩子的状况——超大的学习压力、无处不在的网络沟通及低龄抑郁问题来理解，我建议要多鼓励孩子说话，只要不是无礼粗鄙地打断别人就可以了。就当下时代而言，我认为"躁"和"瞽"也比"隐"好。

【十八】

子曰："成事不说，遂事不谏，既往不咎。"

解读：这段话的意思是，已经做成的事就不要再说了，虽未完成但已既成事实的事就不要再劝了，已经过去的事就不要再责备了。

在这里我将"成事不说"理解为告诫人们不要拿做成的事情出来吹牛。回到家庭教育层面，父母一方面要拿孩子曾经完成的某件事情作为对孩子的激励，另一方面又要防止孩子拿自己的成就吹牛。这是一对辩证的矛盾和统一——好要别人说，不要自己说。

在儿女眼中，父母总是爱唠叨。诚然，很多唠叨都充满着浓浓的爱意，诸如多穿衣服、不要吃冷的、过马路要小心等。但如果这些唠叨是对"遂事"和"既往"的抱怨与指责，那孩子就会离父母越来越远。

对于"遂事"，父母要给孩子尝试和继续的机会，而不是站在一边泼冷水。很多父母会说，我总不能眼睁睁地看着孩子往火坑里跳吧。身为父母的儿子，身为儿女的父亲，我很能理解父母的感受。在此我想给出以下两个关于"遂事不谏"的理由。

一、很多时候，孩子正在进行的事未必是火坑，所谓的火坑只是站在父母的角度来看的，或者说只是站在当下来看的。如果以更长的时间维度和更宽广的空间维度来看，或许孩子正在从事一件很有价值的事。家长要像老塞翁一样，遇到任何事情都能以更宽广的视角来看待，而非只是站在自己的视角，固执己见，而且还加上一句"爸爸妈妈都是为你好"，"要不是你爸爸妈妈，谁管你"。而此时，孩子心中也有敢怒而不敢言或不愿言的话对父母说，"我不要你对我好""要不是你们是我爸妈，谁要你们管"。

二、要给孩子尝试的机会，如果什么都是父母包办，或者孩子一旦做了一点在父母看来不正确的事就被劝诫和制止，那么孩子长大后就很难有主见，也不敢坚持自己的立场，更无法具备较强的社会竞争力。所以就算孩子正在做的事会失败，也要给孩子试错和失败的机会。请记住，父母的谆谆教诲和书上的格言警句永远无法代替孩子成长，孩子该犯的错一定会犯，该跳的坑也一定会跳，让孩子成长的最好方法就是让孩子试错，允许孩子失败，早一点未必是坏事。李开复先生曾说，对他一生影响最大的一句话来自他的博导——"我不认同你，但我支持你"。事实上这句话代表了欧美人相处的价值观。我曾问过一些在国外求学的学生："为什么很多中国的大学生没有梦想，毕业后有些茫然不知所措，而欧美的孩子从小就稀里糊涂地玩，但一上大学就突然长大了，大学一毕业就突然成熟了，明确知道自己想要什么、想做什么了？"我得到的普遍答案是，中国的孩子大多是在父母的安排下成长的，稍微不合父母心意就被唠叨。长此以往，孩子就没有自己的主见了，当然也就不知道自己要成为怎样的人、做怎样的工作了。所以，请记住孔子的教诲——"遂事不谏"。

"既往不咎"更是家庭教育中的大智慧，很多父母喜欢抓住孩子的小辫子不放，喜欢新账老账一起算，这种沟通方式会让很多孩子无所适从。事情要一码归一码，不要扯到一起。请记住孔子的教诲——"既往不咎"，立足当下往前看。

【十九】

子曰："里仁为美。择不处仁，焉得知？"

解读：这段话的意思是，人的身和心都居于仁道，才是最美的生命状态。不选仁道而安之，怎能说有智慧呢？

仁道有着复杂的内涵和外延。仁，通俗的说就是善，力行善，近乎仁。所以，有智慧的父母都会行善以影响孩子从善的品质。我曾带着孩子在小区和公园捡垃圾，其实小区和公园并未因为我们的行为而变得更美，但这样的行为却在我和孩子的心中种下了善的种子。儿子有时候翻我的手机，看到我做慈善的照片和视频说："爸爸在发钱给小朋友。"在儿子的概念中，他不知道什么叫公益和慈善，但他知道保护地球母亲，知道送钱送物给那些需要帮助的人是应该做的事，给孩子营造一个"仁"的成长环境很重要。常州一位学生陈总告诉我："这么多年做慈善，也不图什么功德，但愿能影响孩子，引导孩子走正道，这就够了。"

为人父母，要修炼自己，时刻注意自己的言行举止。"修之于身，其德乃真"，用自己的真德和人格照亮孩子，让孩子的身和心都处于仁的环境中、善的环境中、助人为乐的环境中。如果父母做不到这样，又怎能算得上是有智慧的父母呢？——择不处仁，焉得知？

【二十】

子曰："富与贵，是人之所欲也，不以其道得之，不处也。贫与贱，是人之所恶也，不以其道得之，不去也。君子去仁，恶乎成名？君子无终食之间违仁，造次必于是，颠沛必于是。"

解读：这段话的意思是，富贵是人人都喜欢的，但不通过正道得到富贵，君子是不会要的。贫贱是人人都讨厌的，但如果不通过正道去摆脱困窘，君子是不会干的（还会安于当下的贫贱）。如果君子没有了仁德，还怎么能成为君子呢？君子就算在一顿饭这么短的时间里，也不会违背仁德，匆忙急迫的时候走仁道，颠沛流离的时候也走仁道。

这段话的前段可以概括为："君子爱财，取之有道"；中段可概括为"君子脱贫，受之有道"；后段的意思是，真正的君子每时每刻都能做到取之有道和受之以道。

反观当下大学生被包养的现象，有的是打着爱情的名义被包养，有的纯粹是按市场行价被包养，真是可悲。如果这些大学生的父母知道自己的孩子如此行事，该多伤心啊。这种堕落扭曲的心灵，固然和浮躁、虚荣、物欲横流的社会风气有关，但更大的责任还是父母的教育不到位。如果父母能在孩子小时候就引导他们读《论语》，我想就算孩子不能修炼出清高脱俗的人格，至少也不会堕落吧。

我对孩子的教育有几个基本的观点：一、不占便宜原则。不要以为自己是女生就让男生买单或买礼物。就算未来恋爱或结婚，也不要认为男方就要天经地义地为自己买礼物。二、礼尚往来原则。尽量不要收别人的礼物，如果当时的情景迫不得已必须要收对方的礼物，也一定要懂得还礼。要记得任何人对你的好，包括父母对你的好，未来都要知恩图报。三、买单原则。我反对孩子浪费，但我鼓励孩子交际并适度消费，且建议孩子抢着买单，我会给孩子报销的。（事实上，从孩子报销的清单中，就能清晰地看出孩子的价值观。）

我老家有个堂叔，一辈子单身，在农村，很多人都看不起这样的人，甚至视这样的人为下等人。但他在我眼中是个有高尚人格的人，是个出淤泥而不染的人。他很少接受别人的"赠与"——物欲横流的社会风气已经将农村一些人原本淳朴的心污染得浑浊又傲慢，很多所谓的"赠与"多少有些嗟来之食的味道。所以我那淳朴又高尚的叔叔一般都选择回绝——他践行了"贫与贱，是人之所恶也，不以其道得之，不去也"，点亮了自己，也照亮了我。

【二十一】

子曰："见贤思齐焉，见不贤而内自省也。"

解读：这段话的意思是，看到贤能的人，就想向他看齐；看见品行不端、处世不明的人，就默默地自我反省，并杜绝自己也犯类似的错误。

人的竞争力不在学历的高低，而在持续学习能力的强弱，学习并非只是学书本上的内容，更重要的是随时随地地学习。如果一个人觉得自己很优秀，身边人都不值得他学习，我觉得至少说明以下两点：一、这是个自负、傲慢和偏见的人，看不上别人，不明白寸长尺短的道理。二、这是个没有智慧的人，无法观察到别人的优点。事实上智慧无处不在，佛家说"青青翠竹，皆是法身；郁郁黄花，无非般若"，孔子说"三人行必有我师"，有智慧才能见贤，有智慧才能思齐。

我记得在十几岁的时候看过一部电视剧，有一个场景讲的是方世玉的妈妈苗翠花嫁到富贵满堂的方家。有一次老爷要带姨太太们参加一个高端聚会，出发前，方家的大管家要和姨太太们讲一些社交规则。在此过程中，大管家一不小心将一个名贵瓷器打碎了，哐当一声，苗翠花被吓得花容失色，大叫一声，而其他姨太太却好像没看见没听见一样，依然谈笑风生。这个场景一直留存在我的脑海里，它让我领会到人要处变不惊。于我而言，这同时是个见贤思齐与见不贤而内自省的场景。

当然我这里已经把"贤"的外延扩大了。事实上很多人也知道思，也知道内省，但却没有行动，这不是真思，也不是真内省。真正的思和内省是从良知出发，是知行合一的。所以我在给山区孩子们的《正心字贴》里有一段话："见老弱病残鳏寡孤独者，别只是动恻隐之心，要思帮扶；遇忠孝仁义温良恭俭者，别只是动敬佩之意，要比其肩。"

【二十二】

子贡问曰："孔文子何以谓之'文'也？"子曰："敏而好学，不耻下问，是以谓之'文'也。"

解读：这段话的意思是，子贡问："孔文子为什么谥号是'文'呢？"孔子回答说："他聪明又好学，且能不以向比他差的人请教而感到耻辱，所以他的谥号是'文'啊。"

本段重点有两个，一是"敏"，二是"问"。敏是聪明的意思，即耳聪目明；问是提问，甚至有不耻下问的意思。

先来说说"敏"，耳聪目明表示人有洞察力，耳听八面，眼观四方。对比20世纪七八十年代甚至九十年代的孩子（我们）和21世纪00后、10后的孩子（我们的孩子），今天的孩子本该耳更聪、目更明。而事实上恰好相反，今天的很多孩子，眼睛已不再清澈，耳朵也不再灵敏。为什么？一方面课业和兴趣班的压力太大，另一方面城市的灯光、噪声和无处不在的显示屏破坏了孩子们的眼睛和耳朵，孩子们不再"敏"。"敏而好学"也变成了"钝而厌学"。有很多孩子的梦想就是不读书。是呀，没有逃避痛苦的欲望，也没有创造梦想的理想，孩子们怎能找到"好学"的理由？

再来说说"问"。我在一次家长会上听老师说："很少有人课后主动问我问题，难道你们都听懂了吗？"老师接着说："一般而言，只要学生能够把老师在课堂上教的东西都弄懂并复习巩固，是不需要上课外补习班的。但有些孩子在学校不善于提问，不善于请教，所以成绩下降，不得不参加各类课外辅导班，耽搁了孩子的时间和精力，进而导致第二天没精神，听讲不认真、易走神，听不懂又不问，于是再上补习班，精疲力竭，恶性循环。"我听完后很感慨，孩子们连向老师提问都不愿意，未来还会"不耻下问"吗？家长应该鼓励孩子勇敢地提问，知之为知之，不知为不知，不懂就问，直到弄懂为止——这是我父亲从小就培养我的学习习惯，这种良好的学习习惯让我受益至今。当然，今天的父母也很少主动提问，更莫论不耻下问了。就这本小书而言，很多读者都有我的 E-mail，有的还有我的微信，但是问者不到千分之一，甚至万分之一。

【二十三】

季文子三思而后行。子闻之，曰："再，斯可矣。"

解读：这段话的意思是，季文子办事，总要反复考虑后才行动。孔子听后，说道："考虑两次也就行了。"

人到底要"三思而后行"还是"再，斯可矣"？事实上，两个观点都对。孔夫子教导学生都是因材施教的，因为季文子办事总是优柔寡断，所以孔夫子才说"再，斯可矣"，孔夫子对鲁莽的子路就不会说"再，斯可矣"。

这段话对家庭教育很有价值，如果你的孩子是个慢性子或优柔寡断的人，就鼓励他放手去干，先干再说，没什么大不了的，错了再改。同时也可以引导他多接触一些体现果断或勇气的书或电影。如果你的孩子是个急性子的人，就需要给他踩刹车，不断告诉他："凡事考虑三次再决定。""先睡一觉，明天再决定。""再听听别人的建议吧。"现代年轻人一开心就结婚，一不开心就离婚，所以很多国家都设立了"离婚观察期"，等几个月之后如果还要离婚，再正式宣判离婚，这是在提倡三思而后行。相对而言，做慈善做公益帮助别人时，要如曾国藩所说："凡仁心之发，必一鼓作气，尽吾力之所能为，稍有转念，则疑心生，私心亦生。"这就是"再，斯可矣"。

【二十四】

> 颜渊季路侍。子曰："盍各言尔志。"子路曰："愿车马衣裘，与朋友共，敝之而无憾。"颜渊曰："愿无伐善，无施劳。"子路曰："愿闻子之志。"子曰："老者安之，朋友信之，少者怀之。"

解读：这段话的意思是，颜渊和子路陪在孔子身边，孔子说："你们何不说说自己的志向呢？"子路说："我愿意拿自己的车马和貂皮大衣与朋友共同使用，用坏了也无所谓。"颜渊说："我希望自己能做到不自夸长处与功绩，劳苦的事情不交给别人做。"子路说："想听听老师的志向。"孔子说："我希望世界上的老人能安享晚年，朋友之间能彼此信任，年轻人能有伟大的胸怀和抱负并得到世界的关怀与爱护。"

子路是孔子学生中非常讲义气的人，为人豪爽，对朋友很大方，即便是名贵的车子和貂皮大衣都能借给朋友用，用坏了也无所谓。父母要鼓励孩子做个大方的人，如果父母不在孩子小的时候培养其大气的品质，长大后孩子就不懂得分享。一个不懂得分享的孩子是不会有朋友的，没有朋友的孩子是孤独的，也很难在社会上取得成功。

我有很多出生于20世纪五六十年代的企业家学生，由于时代的原因，他们中很多人都是小学或初中学历，但他们的事业却很成功，其中一个很大的原因就是他们为人很大方。相反，一些读了很多书的人，虽然知识越来越多，但气度却越来越小，甚至成了精致的利己主义者。然而很讽刺又很正常的却是，那些读万卷书的小资情调的商学院高材生，却一直在为胸无点墨的小学毕业的"土豪"老板们打工。

如果父母希望孩子在学校能和同学们搞好关系，最好的教导就是"无伐善，无施劳"。举两个反面案例来说明"伐善"：一、汉武帝的姑姑经常说："如果没有我的帮忙，刘彻是很难当上皇帝的。"长此以往汉武帝很没面子，这也间接导致了"金屋藏娇"的悲剧。二、我有两个学生，他们是夫妻，一个从德国回来，一个从法国回来，都颇具国际视野，但夫妻关系却满地鸡毛，我经常做他们的情感调解员。夫妻双方的情感出了问题，双方都要打五十大板，但其中一个很关键的原因就是，这位妻子是个喜欢表功的人。

再分享一个"无施劳"的正面案例，我弟弟的企业有个老厨师，是个大好人，甚至是很难得一见的好人。他做事认真，任劳任怨，从不将劳苦的事情交给别人做，工厂里所有员工都喜欢这位老厨师。我弟弟和股东们说，就算有一天他老了，干不动活了，我们也要善待他——他对待工作的精神值得全厂员工学习，这种"无施劳"的模范精神也能为企业创造价值。

很多父母会说，这不就是老实人吗？是的，这就是老实人，但老实人有什么不好吗？事实上，在这个社会上能取得成功的不都是那些老老实实做事的老实人吗？环顾四周，我们身边那些偷奸耍滑和机关算尽太聪明的卿卿们还少吗？这些人很难成功，就算成功也是暂时的，未来必将失败。

【二十五】

> 子曰："君子食无求饱，居无求安，敏于事而慎于言，就有道而正焉，可谓好学也已。"

解读：这段话的意思是，君子对吃饭和睡觉都不会太计较，但做事敏捷，说话谨慎，愿意靠近有德之人并匡正自己，这样的人就算好学了。

如今社会，物质生活极大丰富，其实这并不利于孩子的成长。孟子说的"生于忧患，死于安乐"真是千古真理，无论是国家还是家族的盛衰更替都遵循这个规则。从一定意义上说，适度地给孩子物质上以危机感，引导孩子将关注点放在学习上，而不是放在吃穿住用上，更利于孩子的成长。但做到这一点何其之难，因为父母本身的精力也放在吃穿住用上，这样就很难要求孩子了。说到底，教育孩子的过程，本质上是父母自我教育和自我修养提升的过程。

会教育孩子的父母总是想方设法带着孩子靠近有德之人并

接受他们的熏陶与影响——就有道而正焉。举个例子：我有个郑州的学员刘总，对儿子的教育非常重视，更注重和孩子一起成长。她让孩子接受了家庭教育专家王老师十几年的指导，让孩子在春节放假期间去云南跟缉毒英雄李老师学习，让孩子和评书艺术家赵老师学习，当然也带着孩子和我学习。如今她的儿子不但学业有成，而且凭借其出色的能力与人格魅力，被评为美国迈阿密大学中国学生会主席。

【二十六】

冉求曰："非不说子之道，力不足也。"子曰："力不足者，中道而废，今女画。"

解读：这段话的意思是，冉求说："不是我不喜欢您的学问，是我的能力不够啊。"孔子说："能力不足的人，往往是做了一半，停在途中，而你根本没开始就自我设限啊。"

这是典型的老师和学生关于学习的对话，孔子鼓励冉求要敢于尝试，不要自我设限，最终冉求也成了孔门十哲之一。事实上，每个人都有自己的短板，面对短板都难免缺乏自信，还未开始就说自己不行，此时最需要老师的鼓励。

我有个福建的企二代学生张总，按道理说，他是一个很自信的人。他能用父亲给的三千万做房地产开发，凭着福建人特有的商业敏锐度，连横合纵，资源整合，杠杆撬动，竟然将房地产事业做得风生水起，要知道三千万做房地产开发的启动资金实在有些少。但如此自信的人却在婚礼上为200字的演讲稿手足无措，尴尬不已，从此他认定自己不是演讲这块料。一个偶然的机会，他来到我的课堂上，跟我学演讲，训练的时候手脚发抖，声音也颤抖。下课后，他很不自信地问我："老师，我能学会演讲吗？"我告诉他："你的气质很符合我倡导的演讲风格，你一定能学会。"但他依然不相信自己。在我的多次鼓励下，他才鼓起勇气坚持学习，直到彻底驾驭演讲。如今他是个非常优秀的演讲者，在很多重大场合都能从容地即兴演讲。

像张总这样运筹帷幄、决胜千里的企业家都需要鼓励，可见世界观还未成熟的孩子们就更需要鼓励了。但遗憾的是，很多父母总以为当初的自己多么厉害而现在的孩子多么不堪一击，却忘记了孩子终究是个孩子，而曾经的你也没有这么强大，只是媳妇熬成婆，忘记了做媳妇的苦。正如黑格尔所说："历史给人类最大的教训就是，人类从来不从历史中吸取教训。"

我在小区跑步时看到一位看上去很严厉的父亲骑着单车跟在已经跑得"奄奄一息"的女儿后面，监督女儿跑步，一圈又一圈。我想，这得需要多愚蠢的智商才会做出如此荒谬的举动。什么是鼓励？鼓励就是告诉孩子："你可以的，爸爸做给你看，一次不行两次，两次不行三次，你一定可以，爸爸相信你……"而不是爸爸骑着车在后面命令和指挥。

【二十七】

子曰："古之学者为己，今之学者为人。"

解读：这段话的意思是，古人学习的目的在于修养自己的道德，今人却是为名为利为吹而学。

我记得小时候曾对父母说过一句很认真很搞笑的话——"你要是再骂我，我就不给你读书了"。或许在孩子心目中，读书是为父母而读的。曾经我一直以为，上学时读书只是为了上大学，上大学读书只是为了找一份好工作。现在我才知道，读书是为自己，为自己的心灵找一个落脚的地方。我常和女儿说，咱们家最大的资产就是书柜里的书，每次看到它们，我既惭愧又兴奋，惭愧的是没时间看它们，兴奋的是可以随时亲近它们。

很多人不理解读书的意义，读书不就是为了帮助更多的人吗？这个观点没错，事实上，帮助更多人就是《礼记·大学》中所说的齐家、治国、平天下，也就是儒家所倡导的"外王"。但"外王"的目的是"内圣"，当然"内圣"的目的也是"外王"。不"外王"的"内圣"或许是有缺憾的"内圣"，"内圣"就是"古之学者为己"，"外王"却不是"今之学者为人"，而是为己之后的为人。所以孔子这句话不是批评读书人为人而读书，而是告诫读书人，读书这件事儿，主观上要为己，客观上自然会为人，自度才能度人。

【二十八】

> 樊迟问知。子曰："务民之义，敬鬼神而远之，可谓知矣。"

解读：这段话的意思是，樊迟问什么是智慧，孔子说："服务人民并使之走向仁义之道，心中敬重鬼神但要保持距离，就是智慧。"

人在孩童时代或许都有一种纠结，喜欢听长辈讲鬼神的故事，或看一些鬼神题材的电视、电影，这是一种复杂的情绪，喜欢又害怕，害怕又喜欢。我在孩提时代也听过很多这样的故事，到今天这些画面还偶尔在我的脑海中闪现。当然这些题材一方面警醒我务必成为一个善良的好人，另一方面也给我的童年乃至今天还带来负面阴影。

我在研究中国传统文化的过程中，发现很多学习者喜欢研究神通与灵异，尤其是研究佛家的人，动不动就谈前世谈鬼神，我不太喜欢这样的交流。我愿意遵循孔夫子的教诲，敬鬼神而远之，也敬谈鬼神之人而远之。

现在很多动画片、漫画书及儿童读物中常有鬼和僵尸之类的形象，以至于小孩子常把这些奇特的词挂在嘴边。有一次，儿子给我讲他在墙壁上画的一幅画，上面有太阳、云朵、小鸟、小草……他指着其中一个稚嫩的符号说那是鬼。听到这，我愣了一下，但我不能武断地告诉他这个世界上没有鬼，也不能告诉他画鬼不好。我谨慎地告诉他："儿子，孔子告诉我们，敬鬼神而远之，能理解吗？我们一起把这句话读三遍吧。"事实上，我常和孩子用《论语》里的思想交流，小孩很容易接受，我相信在《论语》思想的引导下，孩子的价值观会很健康。

【二十九】

· 子曰："不愤不启，不悱不发。举一隅不以三隅反，则不复也。"

解读：这段话的意思是，教学过程中，当学生不在冥思苦想的状态时，就不要启迪他去思考；当学生不在郁积难言的状态时，就不要开导他去表达。举一个方面的例子，学生还不能理解到其他方面就不要再讲解了。

今天的很多父母都受过高等教育，甚至还有很多是硕士、博士学历，但他们在辅导孩子时，往往由于方法不对或耐心不够，总喜欢直接给孩子答案。

孔子早在两三千年前就提倡采用"因材施教""循循善诱"等教育理念，在教育方法上更是提出"不愤不启，不悱不发。举一隅不以三隅反，则不复也"，所以国人常说西方教育如何如何好，而这些好的教育思维不正暗合了孔子的教育方法论吗？只是我们自己将老祖宗的智慧丢掉了，可惜。

无论在哪个行业，一味地给学生答案都是最差的教学方法。比方说，在北上广深等大城市，心理咨询是热门职业，以一小时的咨询时间来说，初级心理咨询师要讲五十分钟，自己讲得口干舌燥，咨询人也听得云里雾里。高级心理咨询师则通过针对性的提问、引导和启发，让咨询对象讲五十分钟，突然在某个节点，咨询对象茅塞顿开。当然在咨询费的收取上，后者也是前者的十倍。

以我自己十多年的授课教学经验来说，刚入行做老师时，三个小时的课程要一百多页幻灯片，现在三天的课程也只需要几张幻灯片。因为以前是照本宣科，而现在的教学则是信手拈来，收放自如，知道何时启，何时发。

【三十】

> 子曰："道听而途说，德之弃也。"

解读：这段话的意思是，道听途说、未经验证就四处传播的行为，是道德所摒弃的，也是修身养德之人要摒弃的。

孔子的这个思想与毛主席所说的"实事求是"是一样的，二位智者都是因人的劣根性而说。人的劣根性之一就是喜欢道听途说，而根本不去验证观点的真伪。当这种道听途说或听到风就是雨的思维遇上可以廉价转发的移动互联网时代，真是祸害不浅。让人真假难辨，可悲可叹！

家长和孩子沟通时要谨慎，很多东西要去查字典和经典，而不是找百度，因为百度上的很多内容都是道听途说的。另外，家长听孩子说话时，也要善意地提醒一下："这句话是从哪里听来的？哪里看来的？你确定吗？"以此提示孩子，不要对自己的观点太过自信，或许真相并不是这样的。

如何才能做到不道听途说呢？要谨慎。表现在行为上，则往往如孔子说的"刚毅木讷"和"敏于行而慎于言"。

【三十一】

> 子钓而不纲，弋不射宿。

解读：这段话的意思是，孔子只钓鱼，而不用网捕鱼；孔子打猎时，也不打栖息在巢穴中的禽与兽。

这是人与自然相处的重要价值观。"钓而不纲，弋不射宿"体现了君子"有所为，有所不为"的行事风范。我喜欢孔子那种不偏不倚、无过无不及的生命态度。它既不像达尔文所揭示的"物竞天择，适者生存"之血淋淋的世界观，又不像佛教所倡导的吃素放生。孔子行人间中道，事实上丛林法则和吃素放生都容易做到，最难做到的恰恰是不偏不倚的中道。也难怪孔子说："中庸之为德也，其至矣乎，民鲜久矣。""天下国家可均也，爵禄可辞也，白刃可蹈也，中庸不可能也。"孟子也说："中道而立，能者从之。"

我的观点是多吃素少吃荤，如果一定要吃荤，请不要浪费。如果你愿意，请遵循以下原则：第一，尽量购买已被杀好的动物，不要买活的回来杀（君子远庖厨也）；第二，请不要射杀和吃有灵性的动物（狗不但有灵性，还是人类的好朋友）；第三，无论你是否有信仰，最好能做到或每天、或每周、或每月吃一次素食，无论对身体还是生命都有好处。事实上，无论是孔子的"钓而不纲，弋不射宿"，还是我的三个建议，都是对生命的态度，都是为了培养和纠正那颗本来不偏不倚，现已又偏又倚且无法发而中节的心。

【三十二】

互乡难与言，童子见，门人惑。子曰："与其进也，不与其退也。唯何甚？人洁己以进，与其洁也，不保其往也。"

解读：这段话的意思是，"互乡"这个地方的人不可理喻，很难沟通。有一天，孔子接见了这个地方的一个小孩，孔子的学生都很疑惑。孔子说："我肯定他的进步，不希望他退步。何必做得太过分呢？（意思是自己的行为并不过分并批评学生们做得太过分了）人家带着洁身自好、改正错误、寻求进步的心而来，我们要赞赏他啊，不要再抓住过去的污点不放啊。"

在我小时候，父母常告诉我们两兄弟，不要得理不饶人，要得饶人处且饶人。这是做人的格局和心胸，不要让仇恨蒙蔽了双眼。因为我们在不饶人的时候也在伤害自己，这也叫拿别人的错误来惩罚自己。

如今，社会上有一种红眼病，意思是人们看不得别人过得比自己好，所谓羡慕嫉妒恨是也。这些人性的劣根性在孩子身上很早就已显现，如果不纠正，等孩子长大后，会成为限制其发展的障碍。

孔子这段话是要告诫我们，学会欣赏别人，学会肯定别人。在我的家庭教育中，我很少批评孩子，就算批评我也是带着很柔和的语气去说。这倒不仅是因为我怕打击孩子，更是因为我不敢完全否定孩子的做法，因为或许从某个角度来看，孩子是正确的，而大多数情况下，孩子都是正确的，或可以是正确的。

【三十三】

子曰："奢则不孙，俭则固。与其不孙也，宁固。"

解读：这段话的意思是，人一奢侈就显得骄傲不逊，人太节约朴素就显得寒酸固陋。与其不逊又骄傲，倒不如寒酸固陋些。

孔子这段话表述了两个观点。一、做人做事不要偏激，要择其两端取其中，要文质彬彬；二、如果在奢和俭之中无法平衡，孔子的观点是宁可选择寒酸固陋也不选择骄傲不逊，因为俭和固陋或许也不合乎礼，但奢和不逊足以使个人、家庭甚至国家遭受灭顶之灾。

很多父母常秉持一个观点，"穷养儿子，富养女"，所以对女儿的要求就显得格外顺应，总希望女儿多见些世面，多接触些奢华的东西，以免长大后被哪个臭小子用一朵玫瑰花就骗走了。这个观点看似有理，但仔细推敲却站不住脚。试想一下，一个女孩从小就过着优越的日子，长大后能俭朴吗？所以，一枝玫瑰花或许骗不走这样的女孩，但一车玫瑰花或许就能骗走她。由此可见，能决定孩子定力与人格的不是物质上的穷养与富养，而是价值观的贫瘠与高贵。

改革开放几十年下来，一方面中国的物质呈现出爆发式增长的局面，另一方面由于曾经的贫穷，导致了人们的报复性消费思维，于是中国自然而然就成了全球最大的奢侈品消费市场。中国也出现了所谓的贵族学校，其实这些贵族学校只是"贵"而已：学费贵、衣服贵、鞋子贵、车子贵，总之一切都贵，就是人格不贵。而英国老牌贵族学校伊顿公学的孩子们都要过粗茶淡饭的生活，甚至要学拉丁文，去其物质的贵族化，养其精神的贵族化。

【三十四】

> 子温而厉，威而不猛，恭而安。

解读：这段文字的意思是，孔子温和又严厉，威而不猛，庄严又安详。

四季的天空各有各的美，春有百花秋有月，夏有凉风冬有雪，但大多数人都喜欢春天、秋天。古人将人的气质分为三等，"深沉厚重是第一等资质，磊落豪雄是第二等资质，聪明才辩是第三等资质"，这里的深沉厚重就是孔子的气质——"温而厉，威而不猛，恭而安"。

温和又严厉是一种柔中带刚的气质，这是一种有道者的气质，外圆内方的气质。事实上，生命本来就是柔软温和的，只是人们缺乏智慧才把自己活得僵硬。

这里的"威"不是威风八面，而是内心温和又庄严的修养，所以威而不猛依然是在解释"温而厉"。古话说"威不足则多怒"，真正有威严的人都是温和的，就像金庸笔下的扫地僧。

"恭而安"依然是解释孔子的第一标签"温"——"温良恭俭让"的温，"温而厉"的温，"望之俨然，即之也温"的温，"色思温"的温，温暖如春的温，是宁固己也不逊人的仁爱之温。

那如何才能做到"威"呢？用孔子自己的话说，就是"君子不重则不威"。即做人要自重，一个自重的人才会有威严。自重是对人格的要求，也可以说"腹有诗书气自威"，这是从根本上入手。但训练"威"也可以从形体入手，我小时候站没站相，坐没坐相，手插着口袋，抖腿，弓背，走路摇头晃脑，裤子挂在大胯上，还喜欢把头搞得油光可鉴。我父母向来都很反感我的行为，我们之间也曾为此而多次发生冲突与矛盾。到今天我明白了父母的苦心，也理解了父母的思维。如今轮到我做父亲了，我也像父辈一样提醒孩子，只是我比父辈更宽容、更有策略一些。有些行为是必须禁止的，比方说弓背，因为这个动作很容易导致孩子的脊椎变形而不可逆转，所以我女儿必须要穿背背佳，以矫正并防止驼背。有些行为是需要提醒的，比方说对孩子的坐卧站行等对身体不造成伤害却可能引起坏习惯的动作行为，要善意友好地提醒，而非谴责式地提醒。

另外我要提醒家长，尽量不要对孩子大吼大叫。大吼大叫的行为除了暴露你的无能之外，还在透支你的威严。我很少对孩子大吼大叫，但我会放慢语速，一字一句地、认真地、严肃地告诉他"爸爸很生气，很失望"，希望你响鼓不用重锤。

【三十五】

> 曾子曰："以能问于不能，以多问于寡。有若无，实若虚，犯而不校。"

解读：这段话的意思是，向才能少于他的人求教，向知识少于他的人请教。有学识却像没有一样，内涵深厚、满腹经纶，看起来却普通又虚无。受到冒犯和欺负也不计较。

这是曾子在描述颜回的生命境界。智者千虑或有一失，愚者千虑亦有一得。向能力弱、知识少的人请教才是真正的智者，也是孔子倡导的"不耻下问"。有人说，向比自己差的人请教解决不了问题啊，这种认知恰恰证明其智慧的匮乏。因为真正有智慧的人就像快燃烧的柴，只要外界有一点火星就能点燃，而燃起的熊熊火焰不仅仅是火星的功劳，更是柴本身的卓越。所以说如果你无法从才能比你差、知识比你少的人身上学到东西，只能证明自己智慧的欠缺。

"有若无，实若虚"更是大智慧——"有若无"就像脚下的大地，好像没有却又无所不有，这是"大无之至的大有"，又是"大有之至的大无"。"实若虚"就像头上的天空，好像不存在却又无处不在，这是"大虚之至的大实"，又是"大实之至的大虚"。所以对内心"大实大有又大虚大无"的得道者来说，还有什么值得计较呢？

这是一个显摆的时代，线下的显摆直接通过朋友圈或短视频等同步显摆到线上。只要打开社交平台，你会发现"世界真美好"，人们总是习惯性地把悲伤留给自己，把快乐留给别人，很遗憾，这不是美德而是"无若有"的人设。

我们能从媒体上看到很多显摆而遭到嫉恨的案例，最著名的莫过于因为显摆和炫富而遭遇身败名裂和牢狱之灾的郭美美。在我们成人教育培训行业，那些"无若有，虚若实"、一年看不了一本书的所谓的培训师们，穿着像开演唱会，说话就像打鸡血，一旦不喊喊就立刻哑火。他们到处和名人合影，狐假虎威，全身名牌，甚至借钱首付买豪车，然后宣称"所有听我课程的学生们都能像我一样成功"。这些培训界的败类就是靠着精心设计的人设坑蒙拐骗，最终还是身败名裂，真应了西方那句谚语——上帝让你灭亡，必先让你疯狂。

我很有幸，人生路上遇到了两位让我感动的老师，和他们在一起，我感受到了一种"有若无，实若虚"的魅力和气质。第一位是苏绣领域的工艺美术大师李老师，九十多年的人生经历，获得了无数国内国外的荣誉，但这些在她的眼里似乎就是烟云。作品都捐给博物馆了，荣誉证书放在抽屉，从不示人，其人其家都很朴实无华。我曾几次想听听李老师的故事，她都说没什么值得说的，然后慈眉善目地笑笑。李老师常年坚持做慈善，将退休工资的一半以上拿出来帮助贫困家庭，而自己只住在一个五六十平方米的老房子里。第二位是写了五十多年书法的台湾书法家林老师，林老师对名利味很重的书法协会等组织，从来都敬而远之，潜心通过书法修炼人格。他的书法作品从不卖钱，朋友甚至朋友带来的陌生人请教书法，他都有求必应。多年来林老师举办书法个展所得的收入都捐赠给慈善机构了。几十年来累计所收的润笔费只有实在却之不恭的区区几万元。如果有人向他请教书法，或请他教书法，他都认真地纠正道："不是我教你书法，是我们一起探讨书法。"

通过与李老师、林老师二位智者的接触，我深切地感受到一种广大精微又妙不可言的"有若无，实若虚"之智慧，并时时滋养我心。

【三十六】

子曰："如有周公之才之美，使骄且吝，其余不足观也已。"

解读：这段话的意思是，假如一个人真有周公的才能和美德，但骄傲看不起人还吝啬无同情心，这样的人也没什么值得说道的。

孔子说"骄吝之人不足观"，左丘明列出了"骄奢淫逸"四种邪人，子贡说"富而无骄"，曾国藩说"骄惰二字未有不败者"，毛主席也说"戒骄戒躁"，而忠义两全的关羽就败在骄傲这一点上，最终败走麦城，留下一声历史的叹息。我一口气列出了这么"骄"，而事实上，骄傲是人的劣根性之一，很多人之所以不骄傲，是目前没有资本，一旦有了点资本，尾巴就翘起来了，不知不觉走上骄傲这条邪道。

很多家长说："我的孩子什么都好，就是有些傲气。"听语气，家长在说这话时甚至也充满了骄傲——"我的孩子什么都好"，这才是他真正想表达的，对有些"傲气"很显然不以为然。或许在未来就是这个让父母不以为然的"有些傲气"毁掉了"什么都好"的孩子。

吝啬之人基本上都是自私贪婪的，这种人缺乏同情心、包容心，为人又小气。自己和家人的享受左三层右三层，却舍不得帮助四海之内的兄弟，甚至舍不得帮助自己的亲兄弟。我常听到很多爷爷奶奶对孙子孙女说："不要到外面吃，会被小朋友抢去了。""这是好的，不要给别人吃，把这个不好的给别人吃。"这是赤裸裸地以爱的名义在教孩子吝啬啊。殊不知，吝啬的气质一旦养成，也会反作用于家人，到那时就追悔莫及了。

吝啬不仅仅表现在物质上，很多人在精神上也很吝啬：不对人微笑，不给人赞美，不为人鼓掌……所以，请用行动告诉孩子——不要吝啬你的赞美和鼓励，这是世界上最动听的语言；不要吝啬你的笑容满面，这是世界上最美丽的妆容；不要吝啬你的举手之劳，这是世界上最快乐的事。

【三十七】

子曰："君子耻其言而过其行。"

解读：这句话的意思是，君子以说得多做得少为耻，也以言过其行为耻。

孔子在这里讲出了一种行为之耻——说得多做得少。虽然我也教演讲口才的课程，但我在课堂上旗帜鲜明地对学生说："学演讲口才不是让你成为叽里呱啦的人，而是让你成为'言必有中'的人，成为会闭嘴的人，成为说自己所做、做自己所说的人。不是让你通过说话来展现自己多厉害，让别人黯淡无光；而是要让你通过说话传播真善美，让别人感觉舒服。"但如今的教学导向是，开口就想一鸣惊人，开口就想满堂喝彩，这样的教学环境一定会教出"言过其行"且不以为耻的人。

基督文化讲"罪"，佛家文化讲"苦"，儒家文化讲"耻"，孔夫子说"有耻且格"。现在的社会很浮躁，很多在以前看来羞耻的现象，如今却不以为耻，这是道德滑坡和人心不古所造成的。所以我倡导父母要带着孩子学习中国的传统文化，用传统文化武装孩子的心，让孩子知耻，知耻而后勇——知义理之耻生大勇，知血气之耻生小勇。

有一次，我和女儿在小区跑步，迎面走来一对恋人，女的把头发染得五颜六色，袒胸露乳，还有文身，哎，真是"慢藏诲盗，冶容诲淫"啊。我问女儿，你感觉这个姐姐怎么样？女儿说："不怎么样，骚气很重。"听完这话我放心了，我觉得女儿在大的价值观上没有偏差。

在这里，我从《论语》中列出"耻"的十八个条目，供家长们参考。一、以不孝不悌为耻；二、以巧言令色为耻；三、以不节用爱民为耻；四、以言而无信为耻；五、以过而不改为耻；六、以恭而无礼为耻；七、以不以其道得之为耻；八、以耻恶衣恶食为耻；九、以匿怨而友其人为耻；十、以狂而不直为耻；十一、以侗而不愿为耻；十二、以成人之恶为耻；十三、以"邦无道，谷"为耻；十四、以侮圣人之言为耻；十五、以乡愿为耻；十六、以道听途说为耻；十七、以言过其行为耻；十八、以徼以为知为耻。

希望所有人都能不断地无限降低自己的耻之底线，知耻后勇，勇猛修身，终至问心无愧，此心光明。

【三十八】

> 子绝四：毋意，毋必，毋固，毋我。

解读：这段话的意思是，孔子身上不存在以下四种毛病：一、无"凭空臆测"的毛病；二、无"绝对肯定"的毛病；三、无"固执己见"的毛病；四、无"妄自尊大"的毛病。

毋意，即"不凭空臆测"。吾人要常问自己，我有证据吗？我的证据能经受得住时间的检验吗？能经受得住空间的检验吗？

能经受得住见多识广又有善意之人的检验吗？遇到问题要多调查，正如毛主席说的"没有调查就没有发言权"，事实上，就算调查了也未必有发言权。

毋必，即"不绝对肯定"。一般而言，大多数所谓的正确和错误都是相对的，所以说不要对自己的观点太过自信，也不要对自己的目标太过执着。人们常说坚持就是胜利，但如果方向错了，越坚持就越失败。所以与人交流时不要太绝对，请把"肯定是、肯定不是"的口头禅换成"或许是、或许不是"。

毋固，即"不固执己见"。孔子说"唯上知与下愚不移"，人们也常说"天才和蠢材都是固执的，但天才不常有，蠢材满地是"，所以要常问自己："我是上智吗？我是天才吗？"如果不是，我们不妨多看看多听听别人的建议，不要那么固执己见，世界足够宽，条条大道通罗马，为何非要那么坚持自己的观点呢？或许别人的观点也能通往海阔天空。

毋我，即"不妄自尊大"。不要总以自我为中心，要考虑别人的意见和感受。现在的孩子得到的爱太多了，以至于泛滥成灾。太多的爱会让孩子变得自我，长大后很难融入团队，甚至很难融入社会。当然，除非我们是圣人，否则每个人的身上都会有意、必、固、我的毛病。

【三十九】

子曰："吾有知乎哉？无知也。有鄙夫问于我，空空如也，我叩其两端而竭焉。"

解读：这段话的意思是，我有知识吗？其实我什么都不知道啊。一个乡下不曾受过教化的人来问我问题，我什么都不知道，于是我就从问题的正反两端去叩问，逐渐得到了问题的答案。

父母是孩子的第一任老师，真正的好父母比老师还重要。父母要教好孩子，先从承认自己无知开始。事实上，越是有智慧的人越会也越敢承认自己是无知的，这不是谦虚，而是"知之为知之，不知为不知"的真诚，抑或是到了"无所不知又一无所知，一无所知又无所不知"的境界。

高明的老师并未教什么而学生却满载而归，这种老师身上有一种特殊的气质，能吸引学生靠近他并主动思考和学习，天地就是这样的老师，正所谓"天不言而四时行，地不语而百物生"。优秀的老师会叩其两端，从大小、多少、前后、左右、高低、长短、轻重、缓急等角度来启迪孩子思考。优秀的老师会循循善诱地问：为什么呢？还有吗？你认为呢？然后呢？如果……呢？是……吗？以此来启迪学生。

【四十】

①子曰："君子周而不比，小人比而不周。"

②子曰："君子和而不同，小人同而不和。"

③子曰："君子喻于义，小人喻于利。"

④子曰："君子坦荡荡，小人长戚戚。"

⑤子曰："君子泰而不骄，小人骄而不泰"。

⑥子曰："君子求诸己，小人求诸人。"

解读：我一次性将《论语》中关于君子和小人的重要语录摘录下来，作为本章结尾，希望这些超越时空的智慧能点亮家长和孩子们的心。值得说明的是，《论语》中的小人并非指我们今人口中的卑鄙小人，而是指普通人，与小人对应的是大人或君子。吾人宜以君子自期，以小人自处。

①孔子说："君子团结而不勾结，小人勾结而不团结。"

团结是指团结在道理周围，故能长长久久，历久弥坚；勾结是指以私情作为沟通的支点，终究不会牢靠。所以说，以情相交，情断则伤；以利相交，利绝则散；唯有以真心相交才能成其久远——以真心相交就是君子周而不比，以情利相交就是小人比而不周。

②孔子说："君子之间虽然有不同的观点，但可以和谐共生；小人之间表面上虽有相同的观点，但实际上却并不和谐。"

未来的竞争是团队的竞争，团队需要不同能力和性格的人相互补，就像西游记里的唐僧团队，师徒四人有不同的爱好和个性，但他们却能为一个共同的理想而求同存异、和谐相处。妖精团队虽然表面上很和谐，大王前大王后地恭维，但私底下谁都想独占唐僧，以图自己长生不老。

③孔子说："君子明白大道和正义，小人通达小利和私欲。"

中国文化的特色是家文化，家文化的优点很多。从大的意义上说，中华文明之所以源远流长而不间断，或断了又续，就与家文化息息相关。从小的意义上说，多少不务正业的青葱少年长大后会因为成家而变得成熟，我身边很多儿时的小古惑仔同学都因成家而变得成熟。但家文化也有明显的缺点，那就是中国人较少教育孩子的大局观，普遍的教育就是：好好读书，考上大学，回报父母，光耀门楣。或是培养孩子考师范院校、医学院或公务员，因为这几个专业都是相对的"铁饭碗"。很少有父母教育孩子：当老师可以点亮人心，当医生可以挽救生命，当官可以为老百姓谋福利。虽然也有些父母会利用假期带孩子去偏远山区，但也只是想给孩子看看，如果你不努力，未来就会成为这样的人，而不是告诉孩子，你要好好努力，未来才能帮助这样需要帮助的人。

④孔子说："君子坦坦荡荡从容不迫，小人凄凄惨惨犹豫不决。"

君子为何坦坦荡荡从容不迫？因为君子走正路，做该做的事，这种人只关注是非，不关注利害，比如文天祥、詹天佑、钱学森这样的伟大人物。普通老百姓每天都只是关注自己的一亩三分田，得之就兴奋猖狂，失之就凄惨悲切。由于得失心太重，为外物所迁所转，所以每个决定都犹豫不决，"长戚戚"。

⑤孔子说："君子泰然自若而不骄傲，小人骄傲自满而不泰然。"

建筑大师贝聿铭和夫人从美国回到苏州，他说："我面对衣衫褴褛的穷亲戚时，没有丝毫优越感，因为我知道，他们中任何一个人都有可能成为我，只是每个人的命运不一样。"读到这段文字，我很感动，我想到了孔子回到家乡时也是如此，"孔子于乡党，恂恂如也，似不能言者。"这就是典型的君子泰而不骄。相反我观察到很多持"富贵不归故乡，如衣锦夜行。"心态的暴发户们在乡亲们面前装腔作势、吐沫横飞，甚至连长幼之礼都没有了，完全一副典型的骄而不泰的小人状态。

⑥孔子说："君子先要求自己并求之于己，小人先要求别人并求之于人。"

我常和孩子分享，在你还小的时候，你会感觉到父母在保护你，但父母根本无法保护你。父母能给你提供的仅仅是物质上的保障和精神上的影响，但很多孩子却因为丰富的物质而丧失斗志和进取心。事实上，父母能给孩子的东西都是外在的，都是来自社会的。就算孩子借助父母的资源而上位，获得了暂时的成功，也容易被社会取走，甚至走向失败。

请告诉孩子：靠天靠地靠父母都不如靠自己——靠自己强大的心和勤劳的手。运气和机遇永远垂青于努力的人——灿烂的大学需要你的努力，浪漫的爱情需要你的魅力，和谐的婚姻需要你的经营，蓬勃的事业需要你的进取，健康的身体需要你的运动，清澈的灵魂需要你的修炼。

第二章　家族昌盛

"橘生淮南则为橘，生于淮北则为枳"的植物需要"家"，人人喊打的老鼠需要家，威风凛凛的狮子需要家，守着一亩三分田的小老百姓需要家，四海为家的大丈夫也需要家。中国人常讲叶落归根，归于何处？归于家。

家是社会群体的最小单元，家业昌盛就是国家昌盛和民族昌盛。孟子言"天下之本在国，国之本在家"，曾子言"欲治其国者，先齐其家"，蔡元培曾说"家庭者，人生最初之学校也。一生之品性，所谓百变不离其宗者，大抵胚胎于家庭中"，特蕾莎修女在谈到善和世界和平时的观点是"回家，爱你的家人"。由此可见，人同此心，心同此理。甚至《教父》电影中的黑社会老大也曾说："不照顾家人的男人，根本算不上是个男人。"

不同时期和不同状态的人对家的感受是不同的。婴幼儿和老人完全依托于家，正因如此，才有养儿防老之说。青少年则视家为一个束缚自由的地方，回到家就要面对父母的喋喋不休，这个不能，那个不许，甚是厌烦。人到中年则开始思索对家的责任与感动。

无论是多大的人物，家和家庭教育都是人生最核心的话题。宋耀如对上帝的信仰是虔诚的，对实业救国的抱负是诚实的，对革命的推动是全力的，但他从未忘记对家庭的责任。他将孩子送到美国留学时，对孩子们说："爸爸要你们到美国读书，不是让你们去看西洋景，而是要你们成为不平凡的人。这是一条艰辛的荆棘丛生的路，要准备付出代价，不管多艰辛都不能终止你们的追求。"他对孩子们温柔但不溺爱，即便是对待女儿也是如此，他甚至参照斯巴达训练勇士的方式训练孩子，带着孩子们在狂风暴雨里徒步奔跑，以锻炼孩子们对环境的适应力。这种"野蛮其体魄，文明其精神"的教育方式正是孟子所提倡的"天将降大任于斯人也，必先苦其心志，劳其筋骨，饿其体肤，空乏其身，行拂乱其所为，所以动心忍性，曾益其所不能"。正是这样的教育理念，宋耀如才将六个孩子培养成才，三个倾国倾城，三个潇洒倜傥。女婿孙中山和蒋介石是中华民国的开创者和领导人，六个孩子中有三个是经济学博士，宋家可谓个个学有所成，事有所成。

父母不仅仅要给家提供物质层面的支持，更要给家带去文化，家的文化决定着国的文化。反之，国的文化也影响甚至决定着家的文化。谈到家文化，有必要谈一谈家风和家训的话题，家风和家训也是中国比较显著的文化特色。我有幸和邵逸夫先生共同译注被誉为百代家训鼻祖的《颜氏家训》，由上海古籍出版社出版发行。全书分上下册，但阅读量和阅读难度都比较大，对于大多数读者来说，这样的古书似乎更适合收藏。当然，这其实也是全民阅读能力下降所致，但我依然希望有阅读能力和耐心的人去读这本《颜氏家训》，毕竟阅读全书和阅读导读的感觉是完全不一样的。

另外，关于我对家和家的经营之个人见解，有很大一部分内容写在我的另一本叫《智慧父母：四堂修炼课》的拙作中，在此就不再赘述了。我在本章采用有述有作、边述边作的写作手法将《颜氏家训》中的精华导读出来，并结合其他成功家族的家风和家训做一些阐述，让读者朋友对家风和家训有个了解，并从中汲取营养，让自己的家族更昌盛。

第一节 《颜氏家训》的启示

作为流传至今的诸多家训之一的《颜氏家训》有着"古今家训之祖"的美誉，很大一部分原因是其规模宏大，结构完整，案例翔实。且《颜氏家训》对颜家家风之形成、子孙人格之影响都是很大的，故后世出了文冠一时之颜师古，忠烈感天之颜真卿、颜杲卿。

不仅如此，颜氏后辈对《颜氏家训》的敬仰、遵从也是令人感动的，一旦《家训》遗失，则千方百计笃意访求。一朝访得，又详加参互校订，以恢复其本来面貌，以遗后人，并将家族人才兴盛的缘由全都归功于《家训》的教导，家族人才衰弱的原因则归结于《家训》的失传。

诚如颜氏后人颜嗣慎所言："观者诚能择其善者，而各教于家，则训之为义，不特曰颜氏而已。"《颜氏家训》既然能够对颜氏后代产生重大的影响，自然也可以对其他家族、家庭产生影响。因此，如果我们能够从中选出优秀的部分，运用到自己的家庭之中，不也可以塑造我们的家教、家风吗？

了解颜之推跌宕起伏的人生

孟子说："颂其诗，读其书，不知其人可乎？"下面我大略介绍一下《颜氏家训》作者颜之推先生。颜之推，字介，琅琊临沂人，生于梁武帝中大通三年（531年），卒于隋文帝开皇十年（约590年）。据《终制》篇，颜之推自称"吾已六十余，故心坦然，不以残年为念"，则知《家训》是他晚年所作。相传之推是复圣颜子的后裔，然而他在《家训》文中并未提及，这或许是后世之人的讹传。当然说他是旧鲁国颜氏的后裔，应该是没有什么问题的。

西晋末年，颜之推的九世祖颜含随着晋元帝南渡，是"中原冠带随晋渡江者百家"之一，自此以后世居建康（今南京）。后来，颜之推的祖父颜见远又随着南康王萧宝融出镇荆州，于是又举家迁居江陵（今属湖北）。他的父亲颜协曾为梁湘东王萧绎的镇西府咨议参军，根据之推的自述，父亲死于之推九岁之时。颜之推出生于江陵，垂髫换齿之年，"便蒙诱诲"，可谓家教极早。

十二岁时，适逢萧绎讲解《庄子》《老子》，他也曾列为门生。然而，因为生性不喜欢道家学说，他便自行精研《礼记》《左传》，并且博览群书。他为学精进，终日不倦，学识就此大增。

十九岁时，他便被任为梁湘东王国右常侍，加镇西墨曹参军。当年，侯景攻进建康，次年将梁武帝萧衍活活饿死，立萧纲为傀儡皇帝。

　　二十岁时，他随梁湘东王世子萧方诸出镇郢州。次年，侯景攻陷郢州，颜之推与萧方诸全都被俘虏到了建康，这是颜之推首次成为囚俘。到了552年，梁军收复建康，侯景战败，湘东王萧绎被拥立为帝，在江陵即位，是为孝元帝。颜之推得以回到江陵，并被封为散骑侍郎，过了两年平静生活。然而，554年，西魏军又攻陷江陵，梁孝元帝被俘杀，颜之推再次沦为囚俘，被遣送至西魏。在西魏时，颜之推因为颇有文采，被大将军李穆赏识，还得到了一份代写书信的差事。然而，他一心想要南归，所以于556年举家冒险逃往北齐，准备借道北齐返回南梁。可是在北齐之时，他得知梁朝旧将陈霸先已废梁自立，顿时感到故国已然不复存在，于是断绝了南归的念头。

　　此后，颜之推在北齐生活了二十余年，这二十多年是他一生相对安定的时期。因为卓越的才能以及对世法的通达，他先后担任过赵州功曹参军、通直散骑常侍、中书舍人、黄门郎等职。黄门郎一职当是之推一生"最为清显"者，所以尽管《颜氏家训》完稿于晚年，那时他已经身入隋朝，被东宫太子杨勇召为学士，可他仍旧题署"北齐黄门侍郎颜之推撰"。颜之推在北齐官场也并非一帆风顺，其间时常被嫉妒、陷害，甚至有招致杀身之祸的危险，而北齐的皇帝如高洋、高湛等又是杀人如儿戏的暴君，颜之推能够平安度过，显然是凭借他出色的明哲保身的哲学。他也将这套哲学写进了《颜氏家训》。如今看来，或许会显得有些过于自保，然而对于身处重重危险之中的人而言，又何尝不是一种正确的指引呢！况且颜之推并没有鼓励他人去谄媚和迎奉，而是提倡为了忠孝、仁义，"丧身以全家，泯躯而济国，君子不咎也"。

正因如此，颜氏后世方才会出现忠烈若颜真卿、颜杲卿者。到了577年，北周灭了北齐，之推第三次沦为囚俘，被遣送至长安，当时他四十七岁。581年，杨广灭北周建立隋朝。入隋之后，颜之推又被太子杨勇召为学士。时至590年，颜之推为子孙们留下了一部《颜氏家训》，而后逝世。

《颜氏家训》章节速览

《颜氏家训》，现今的通行本分为七卷二十篇。卷一五篇：《序致》《教子》《兄弟》《后娶》《治家》；卷二二篇：《风操》《慕贤》；卷三一篇：《勉学》；卷四三篇：《文章》《名实》《涉务》；卷五五篇：《省事》《止足》《诫兵》《养生》《归心》；卷六一篇：《书证》；卷七三篇：《音辞》《杂艺》《终制》。今且概述各篇大要如下：

《序致》篇，是以序说来表达目的。故知，颜之推在本篇中交代了撰著《家训》的目的——"整齐门内，提撕子孙"。为了让子孙后代体味他的良苦用心，颜之推还以自己无教的一生作为前车之鉴，可谓情真意切。

《教子》篇，颜之推讲述了教育子女的相关问题。首先强调教育子女当尽早。有条件者，当从胎教开始；无条件者，也当从小儿"识人颜色，知人喜怒"时便加教诲。其次强调教育子女应当严慈并举，当严时要严，不要吝惜"笞罚"；当慈时则慈，但慈却不可以"简"。再次强调对待子女应当平等，不可有所"偏宠"。最后强调教育子女时，要注重子女的节操培养，切不可让他们沦为取悦、献媚他人的人。

《兄弟》篇，讲述了兄弟相处之道。"兄弟者，分形连气之人也"，自"不能不相爱也"。可惜成年之后，"各妻其妻，各子其子"，常常会影响兄弟之情，所以颜之推将妻子喻为风雨，不加预防则兄弟之情难以为继。兄弟不睦，则会有无穷后患，甚至于"行路皆踏其面而蹈其心"而无人救之。

《后娶》篇，所讨论的乃是妻子死后，是否要续弦再娶的问题。这在古时乃是大事，所以颜之推以专门的篇章作了明示。

《治家》篇，讲述了治家之道。关于治家，总的纲领为：上行而下效，先行而后施。所以，"父不慈则子不孝，兄不友而弟不恭，夫不义而妇不顺"。分而言之，则所涉甚广：治家要赏罚分明；治家要节俭但又不可以吝啬；治家要勤劳，自给自足；治家不宜过严，也不宜过宽，过严则遭人忿恨，过宽则遭人欺瞒；治家要能急他人之所急而不悭吝等。其后，颜之推又指出世人重男轻女，甚至将所生女婴遗弃，这是不应当的。并指出"妇人之性，率宠子婿而虐儿妇"，所以导致了"落索阿姑餐"。并强调婚姻应当门当户对，尤其不可将儿女婚姻大事作为交易，用来谋求钱财。借人典籍，应当爱惜；读古圣贤之书，应当心怀恭敬。本篇所涉内容虽然广泛，却极其富有现实意义，为人父母者应当皆能从中受到诸多的启发。

《风操》篇，风者，风仪；操者，节操。风操的本由在于《礼经》，但是因为残缺不全，加之世事变迁，故而"学达君子，自为节度，相承行之，故世号士大夫风操"。由此可见，风操以礼仪为本，重在待人接物。首先，颜之推讲述了种种避讳的情况，指明避讳是必要的，但是也不可以太过拘泥。其次，讲述了于人于己的称谓，指出了古今的差异，强调不可取笑、轻贱他人。其中还指明了吊唁、待客之礼。再次，讲述了感慕先人所应秉持的方式和态度。复次，讲述了离别之仪。又次，讲述了对于亲属的称谓、名字的意义。最后，讲述了生日、为父求情、结义、待客等相关问题。由本篇可见，颜之推虽然关注细节，思维却绝不固执、僵化，常常能够将心比心，随时变易，诚智者也。

《慕贤》篇，慕贤即仰慕贤才。古时慕贤之风甚盛，今时之人则大多自以为是、目空一切，遑论仰慕贤才。然而，仰慕贤才便自然会亲近贤才，于此潜移默化之中成就自身。反之，倘若不能慕贤，则常与奉承之徒相处，久之则不知天高地厚，盲目自大。颜之推有言："人在年少，神情未定，所与款狎，熏渍陶染，言笑举动，无心于学，潜移暗化，自然似之。"又言："与善人居，如入芝兰之室，久而自芳也；与恶人居，如入鲍鱼之肆，久而自臭也。"这全都是潜移默化的功效。所以，"君子必慎交游"。然而，"世人多蔽，贵耳贱目，重遥轻近"，所以常有贤才在眼前却不能认识，故而旧有"鲁人谓孔子为东家丘"，而马祖道一大师感叹"得道莫还乡，还乡道不香"，全都因为如此。这也是实情，但在今天却更盛。所以，颜之推以亲身经历立言，指出为人应当知道敬重身边的贤才，勿要导致日后追悔莫及。最后，颜之推还指出慕贤还须任贤，贤才不得其用，或是身遭枉死，乃是家国的损失。以我愚见，慕贤之教，实为今世所急需者。今世之人人相轻之风，实在是久矣！深矣！

　　《勉学》篇，顾名思义，此篇所讲旨在劝子孙后代学习。学习对于人的一生有塑造之功，所以颜之推所述甚为详尽，所涉之面也颇为广泛。大概讲述了以下十个方面。

　　一、讲述了勤学乃是自古以来的传统，而所学者则为《礼记》《左传》《诗经》《论语》等，而不学习者大多终将自取其辱，纵然会因为父辈的庇护而拥有一时之富贵，可是一旦遭遇动乱，便会沦为无用之人。

　　二、指出"明《六经》之旨，涉百家之书，纵不能增益德行，敦厉风俗，犹为一艺，得以自资"，所以笃劝子孙后代读书。颜之推虽不像后世之人所执持的那样，认为"万般皆下品，唯有读书高"，但也将读书视为最为可贵的技艺，"伎之易习而可贵者，无过读书也"。

　　三、勉子孙后代要志存高远，向古人学习，而不应当向"亲戚有佳快者"学习。当然，颜之推也奉持孔子"三人行，必有我师焉"的教诲，指出学习应当学无常师，转学多方，乃至于对"农商工贾、厮役奴隶、钓鱼屠肉、饭牛牧羊"者，举凡有才能的，全都可以视为师表，向他们求学。

　　四、指出"读书学问，本欲开心明目，利于行耳"，所以但凡有所学习，全都要能够转为内化，发为事业，而避免"但能言之，不能行之"的毛病。

　　五、重申了孔子"古之学者为己"的教导，指明"学者，所以求益耳""以补不足也""行道以利世也"，并且以种树比拟学习："夫学者，犹种树也，春玩其华，秋登其实。讲论文章，春华也；修身利行，秋实也。"甚为形象。颜之推还对读了一点书"便自高大，凌忽长者，轻慢同列"的人进行了指责，认为"如此以学自损，不如无学也"。

六、颜之推指出学习当趁早，因少年时记忆颇佳，年长后则所记易忘。当然如果因为种种原因不能少时从学，则"犹当晚学，不可自弃"。

七、指出了当时的诸多为学之病，如"以博涉为贵，不肯专儒"，又如"出身已后，便从文史，略无卒业者"，又如"相与专固，无所堪能"，又如"勤无益之事"以为能者。

八、颜之推还指出"夫圣人之书，所以设教，但明练经文，粗通注义，常使言行有得，亦足以为人"，而对子孙后代作了如下指引："当博览机要，以济功业；必能兼美，吾无间焉。"

九、颜之推又表示自身对于道家学说的排斥，而不愿子孙后代有学道家学说的。又次，之推讲述了学的重要性（其曰："孝为百行之首，犹须学以修饰之，况余事乎？"），并指出应当勤学，而不要因为谋取生存而荒废学业。

十、颜之推教导了几种学习方式："切磋相起明"而不"师心自用"；"谈说制文，援引古昔，必须眼学，勿信耳受"；"要通字义，明训诂"；"不可偏信"。

总之，《勉学》篇是《颜氏家训》中最长的篇章，涉及为学的方方面面，诸多指引对于我们今天为学仍然极为有益。

《文章》篇，讲述了为文的种种法度。颜之推的文学理论水平非常高超，对于各种文体的起源也如数家珍。而他对于文学的态度，则是"行有余力，则可习之"。这或许是因为他对于"自古文人，多陷轻薄"而大多无有善终的现象深有体味："文章之体，标举兴会，发引性灵，使人矜伐，故忽于持操，果于进取。今世文士，此患弥切，一事惬当，一句清巧，神厉九霄，志凌千载，自吟自赏，不觉更有傍人。"同时，颜之推对文人如陈琳、扬雄等变节之举也甚为鄙视。其后，颜之推表达了他对文章的要求："文章当以理致为心肾，气调为筋骨，事义为皮肤，华丽为冠冕。"而对于当时为文"趋末弃本，率多浮艳"的风气，他也表示了自身的不满，希望能够有"盛才重誉"者来"改革体裁"。颜之推对古今之文的优劣了如指掌。关于作文，他较为认同沈约的三易："易见事，一也；易识字，二也；易读诵，三也。"他还谈到了文章的禁忌，以及代人为文、作挽歌辞等的法度。他还强调了典故的运用需要慎重，涉及地理时也应当准确。最后，他还列举了一些他认为较为优秀的文人和诗句。我读了《文章》篇之后，深深感受到之推自身是全然遵循着此中为文法度的。

《名实》篇，名实即名副其实的略写。在本篇中，颜之推指出为人切不可窃名，窃来的虚名终究会败坏，终而自取其辱。正因如此，他强调名实："名之与实，犹形之与影也。德艺周厚，则名必善焉；容色姝丽，则影必美焉。"而反对"不修身而求令名于世者"，认为这种行为"犹貌甚恶而责妍影于镜也"。而一个人要立名，则应当为自己留有余地，若无余地，则"至诚之言，人未能信；至洁之行，物或致疑"。颜之推对于那些"清名登而金贝入，信誉显而然诺亏"的人深为不屑，认为这就是窃名。至于为什么要强调"名教"，颜之推的答案是："劝也，劝其立名，则获其实。"当然，颜之推也指出"上士忘名，中士立名，下士窃名"，可见，尽管他强调名要符实，但是更希望自家的儿孙们能够成为"忘名"的上士。

《涉务》篇，涉务即致力于事务。自古以来，务虚之人多，而务实之人少。颜之推有感于此，故而希望自家的子孙能够成为务实之人。所以他上来便说："士君子之处世，贵能有益于物耳，不徒高谈虚论，左琴右书，以费人君禄位也。"同时举出六种人才：一、朝廷之臣；二、文史之臣；三、军旅之臣；四、藩屏之臣；五、使命之臣；六、兴造之臣。接下来，他指责了那些口若悬河而"多无堪用"之人。

《省事》篇，省事即毋多事，俗有云："多一事不如少一事。"此篇大旨，同于此。在此篇中，颜之推建议人专心做好某一件事，并对那些上书陈事之人作出批评，认为他们"贾诚以求位，鬻言以干禄"，纵使"幸而感悟人主，为时所纳，初获不赀之财，终陷不测之诛"。很多人抓住此点批评颜之推圆滑世故，却忽略了他此后所说的"谏净之徒，以正人君之失尔，必在得言之地，当尽匡赞之规，不容苟免偷安，垂头塞耳"。其后，之推又指出"君子当守道崇德，蓄价待时，爵禄不登，信由天命"，而切不可"须求趋竞"，更不可行"以财货托附外家，喧动女谒"的羞耻行为。对于"凡损于物"之事，"皆无与焉"；对于当行之正义之事，却又勇于担当。如此便是颜之推的省事，究其实，他的省事原则乃是"君子思不出其位"。

《止足》篇，止足即知止知足，而绝不贪得无厌。颜之推引《礼记》之言，"欲不可纵，志不可满"，指出"宇宙可臻其极，情性不知其穷，唯在少欲知足，为立涯限尔"，并明示子孙后代

"谦虚冲损，可以免害"，而"人生衣趣以覆寒露，食趣以塞饥乏耳"，又何必汲汲于谋求财富呢？同时，指示做官当"处在中品"。在很多人看来，这是消极，然而世间又何尝不是四处都充斥着求而不得之苦呢？

《诚兵》篇，因为颜氏自古以来"未有用兵以取达者"，所以颜之推告诫子孙不要轻易习武带兵，而是把心思放在读书上。当然，颜之推也希望子孙中能够有"入帷幄之中，参庙堂之上"而"为主尽规以谋社稷"的君子，然而，若是无有这方面的才能，则不必强求。

《养生》篇，讲述了对待养生的态度。首先，颜之推明确表示他不愿意子孙后代学道以求长生。其次，他强调了"夫养生者先须虑祸，全身保性。有此生然后养之，勿徒养其无生也"，而避祸首要在于勿傲物、勿贪溺。最后，强调了"夫生不可不惜"，却也"不可苟惜"，若是"行诚孝而见贼，履仁义而得罪，丧身以全家，泯躯而济国"，则"君子不咎也"。正因如此，颜氏后人中才会出现忠烈如颜真卿、颜杲卿兄弟者。

《归心》篇，归心，即归心于佛。此篇中，颜之推讲述了颜氏世代归心于佛，并针对世俗对佛教的五种诽谤一一作了辩解。由于时代的原因，颜之推对于佛法并无究竟圆融的理解，不过他的目的在于让子孙后代对佛教生信。作为家训的一部分，我个人认为无可厚非。然而，颜之推以佛法"非尧、舜、周、孔所及也"，却是我所不敢苟同的，大概是因为他对于儒家心性修养工夫仍有未能明了的地方。

《书证》篇，颜之推记录了他自身所作的种种训诂和考证，展现了他卓绝的才力和严谨的态度。以我之见，颜之推撰写此篇的目的有二：一、指出当时流行的一些误解，以免文士闹笑话；二、以身作则，传示治学应当秉持严谨的态度。

《音辞》篇，颜之推记录了音韵方面的一些内容，目的很简单：指示子孙掌握一定的音训常识，以免犯下一些低级的错误。

《杂艺》篇，颜之推谈了他对于种种艺术如书法、绘画、射箭、卜筮、算术、医方、琴瑟等的态度。概而言之，他认为这一切可以有所了解，用以"消愁释愤"，但不要专门从事其中的某一类。

《终制》篇，乍读此篇，甚似遗嘱。颜之推先是概要地自述了一生，又追悔未能安置好亡父亡母的葬事，终而对自己的葬事作了交待。再三阅读后，方知他是在垂示后代毋斤斤计较于葬事，而是应当"以传业扬名为务"，这是符合《孝经》教导的。由此亦可见之推对子孙后代的期望和慈爱。

《颜氏家训》二十篇，看似杂乱繁芜，其实一以贯之，皆以指引子孙后代立身扬名为本。其中虽看似有一些消极、退让之教，其实亦是以退为进，且绝不以人格的丧失作为代价。遵循之推的教诲，或不足以成为"修己以安人"的仁人、"修己以安百姓"的圣人，然而成为一名"修己以敬"的贤人君子，应该是没有问题的。而经由贤人向上一转，则"成仁入圣"也并非没有可能。

第二节　名人家教的思考与借鉴

大多数人只看到某某成功了成名了，但没看到成功成名的背后是父母的遗传、个人的努力、家风家训共同作用的结果。请相信，任何成功都不是偶然的。我们不能简单地说一门好家风胜过千万名校，但可以说有一门好家风才可能将孩子送入名校，进而成为名人，抑或是成为一个健康的人。

杨绛的父亲杨荫杭是个正直、正义、正气的法官，十九岁考入南洋工学，二十一岁留学日本，后赴美留学。杨振宁的父亲杨武之 1928 年就在芝加哥大学取得了博士学位，回国后受聘于厦门大学当数学教授。因此我们很难不承认，杨绛和杨振宁的读书天分是遗传父母的先天优势。但我们也相信在相同年代拥有和杨绛及杨振宁父亲智商天赋的中国人也是不胜枚举的，为什么他们的孩子却没有成为杨绛和杨振宁呢？抛开命运的造化不谈，我相信与家风、家教关系很大。

我们来看看关于杨绛和杨振宁父亲的两个故事吧。杨绛的父亲在读北洋公学时，学校要查学生闹事风潮，带头的学生被开除了，学校领导问还有谁参加了，别的学生都敢做而不敢承认，只有杨荫杭挺身而出，正义凛然地说"我"，于是他也被开除了。这种正气正直的人格一直影响着孩子，这就是家风的力量。在杨振宁获得诺贝尔奖的时候，父亲告诉他，"有生应感国宏恩"。这句话最终还是影响了杨振宁，所以多年来他一直为祖国培养人才，奔走于大洋两岸并最终定居北京。杨振宁自己也如是回答记者："我本人的个性和作风，受到父母的影响都很大，明显的影响来自父亲，不明显的影响来自母亲。"

接下来，我从使命担当、勤俭节约、乐善好学、因材施教、不怯不求五个方面及十三位名人的家教故事来阐述家庭对孩子的影响。

一、使命担当的家风

案例一：司马迁

谈到司马迁，人们必然想到《史记》，也自然地认为《史记》是司马迁所作。然而，更严格地说，《史记》是司马迁和他的父亲司马谈两代人心血的结晶。司马谈是当时的太史令，即负责记录史实的官员。他博览群书，学识渊博，分析论述阴阳、儒、墨、名、法、道六家之长短，著有《论六家要旨》。司马谈看到，时下除了几百年前孔子作的《春秋》以外，有关历史的记录很少。战国时期，各国本来都有自己的历史记录，后被秦始皇和项羽的两把火给烧光了。

作为史官，司马谈有着强烈的历史使命感，他知道重新整理出一部旷世史书绝非一代人所能完成，按照中国的传统，子承父业是自然的选择。所以司马迁很小就被历史熏陶，父亲指导他学习古文、研究历史，并安排其跟随孔子后裔孔安国及大儒董仲舒学习。这些学习可谓读万卷书和名师指点，但一个人要真正获得成功，行万里路是必然要经历的途径，所以司马谈鼓励儿子出门远游。要知道，在古代做儿女的要遵循"父母在，不远游"的古训，即便是父亲司马谈支持，社会舆论也给司马迁造成了很大的压力。况且二十岁左右的司马迁还未曾单独出过远门，再加上当时的交通条件和山高路险，我们可以想象年轻的司马迁所遭受的挑战。

在家族使命的驱动下，在父亲的热切鼓励下，年轻的司马迁用了几年时间，行程数万里，披星戴月，栉风沐雨，足迹遍及大半个中国。他考察历史和人文，为《史记》成书奠定了从史料到现实、再从现实到史料的重要基础。

父亲司马谈在弥留之际拉着司马迁的手对他说："我们司马家族的祖先，原是在周朝做太史的，在帝舜和夏朝时曾功名显赫，执掌天官职务，后来家道衰落……我死后，你必须接任太史之职，完成我未完成的任务。"

后来司马迁子承父业，担任了太史令，他利用皇室藏书和自己到全国各地收集的种种历史资料开始撰写《史记》。仗义执言的他为李陵辩护，却换来宫刑的奇耻大辱，身心饱受折磨，真想一死了之。但他想到了家族的使命和父亲的遗愿，想到了古圣前贤的经历：文王拘而演《周易》，仲尼厄而作《春秋》，屈原放逐乃赋《离骚》，左丘失明厥有《国语》，孙子膑脚《兵法》修列，不韦迁蜀世传《吕览》，韩非囚秦《说难》《孤愤》……他充满了力量，重新振作，忍辱负重，埋头苦干，终于完成了"通古今之变，成一家之言"的《史记》。

案例二：岳飞

谈到岳飞，我们自然想到岳母刺字——精忠报国。这是岳飞的母亲对孩子的期待，期待孩子有使命、有担当，在外族入侵时，应有一种舍我其谁的精神。这种精神自然也传承到岳飞的下一代——岳云的身上，父子二人精忠报国，勇猛善战，虽双双遇难，但其使命担当的爱国精神永存于天地间，尤其是岳飞挥毫写下的流传深广且影响一代代国人的《满江红》——

> 怒发冲冠，凭栏处，潇潇雨歇。抬望眼，仰天长啸，壮怀激烈。三十功名尘与土，八千里路云和月。莫等闲，白了少年头，空悲切。靖康耻，犹未雪。臣子恨，何时灭。驾长车，踏破贺兰山缺。壮志饥餐胡虏肉，笑谈渴饮匈奴血。待从头，收拾旧山河，朝天阙。

案例三：文天祥

文天祥的父亲文仪是位饱读诗书且有很高文学修养的君子，他告诫孩子要以圣贤为榜样。在文天祥参加考试前，文仪语重心长地对他说："不久你就要去京城考进士了，这不是单纯地应付考试升官发财，而是一旦考中，你就要在朝廷或地方供职，需要你有实际的为民办事的能力，而不仅仅是写一首诗文那么简单……如果你能参加殿试的话，无论如何要在策论中毫无保留地把你对国家时局的看法明明白白地陈述出来，哪怕是得罪朝廷，甚至引来杀身之祸，也不要畏惧。"

父亲的教诲中充满了忧国思民的使命意识和千万人吾往矣的担当精神，正是这样的家风才培养出文天祥这样的千古名人。文天祥自己则通过一首荡气回肠的《正气歌》，将使命和担当传给后人。我摘抄如下，供有缘的读者朋友大声朗读，感受超越时空的力量和勇气。

> 余囚北庭，坐一土室。室广八尺，深可四寻。单扉低

小，白间短窄，污下而幽暗。当此夏日，诸气萃然：雨潦四集，浮动床几，时则为水气；涂泥半朝，蒸沤历澜，时则为土气；乍晴暴热，风道四塞，时则为日气；檐阴薪爨，助长炎虐，时则为火气；仓腐寄顿，陈陈逼人，时则为米气；骈肩杂遝，腥臊汗垢，时则为人气；或圊溷、或毁尸、或腐鼠，恶气杂出，时则为秽气。叠是数气，当之者鲜不为厉。而予以孱弱，俯仰其间，於兹二年矣，幸而无恙，是殆有养致然尔。然亦安知所养何哉？孟子曰："吾善养吾浩然之气。"彼气有七，吾气有一，以一敌七，吾何患焉！况浩然者，乃天地之正气也，作正气歌一首。

　　天地有正气，杂然赋流形。下则为河岳，上则为日星。
　　于人曰浩然，沛乎塞苍冥。皇路当清夷，含和吐明庭。
　　时穷节乃见，一一垂丹青。在齐太史简，在晋董狐笔。
　　在秦张良椎，在汉苏武节。为严将军头，为嵇侍中血。
　　为张睢阳齿，为颜常山舌。或为辽东帽，清操厉冰雪。
　　或为出师表，鬼神泣壮烈。或为渡江楫，慷慨吞胡羯。
　　或为击贼笏，逆竖头破裂。是气所磅礴，凛烈万古存。
　　当其贯日月，生死安足论。地维赖以立，天柱赖以尊。
　　三纲实系命，道义为之根。嗟予遘阳九，隶也实不力。
　　楚囚缨其冠，传车送穷北。鼎镬甘如饴，求之不可得。
　　阴房阒鬼火，春院閟天黑。牛骥同一皂，鸡栖凤凰食。
　　一朝蒙雾露，分作沟中瘠。如此再寒暑，百沴自辟易。
　　嗟哉沮洳场，为我安乐国。岂有他缪巧，阴阳不能贼。
　　顾此耿耿在，仰视浮云白。悠悠我心悲，苍天曷有极。
　　哲人日已远，典刑在夙昔。风檐展书读，古道照颜色。

联系实际：

每次读到"使命"一词时，我都怀有一份深深的感动与敬意，也感慨如今的人们已不再有使命一说了。很多人都把赚钱当使命，事实上，那最多只是目标，而且没有使命的目标就像水面上的落叶，随波荡漾。这是有些悲哀却又正常的社会现象。试想连父母本人都没有使命，又怎能培养出有使命感的孩子呢？

我有一次在卷烟厂上课，培训负责人告诉我，这些年轻人很多都是 985 和 211 名校的本科生和研究生，还有很多海归。我听完后，心里很感慨——他们的父母都是社会上混得好的人，有钱有资源，给他们上最好的幼儿园、小学、初中和高中。他们也很争气，考上了很好的大学，当金灿灿的学历和父母的社会资源相遇时，他们顺理成章地到卷烟厂这样旱涝保收的金饭碗企业上班。我能想象，在这样的企业里，学历只是摆设，专业基本荒废，能力并不重要，和领导搞好关系，升官发财是头等大事。我看不出这些年轻人十年寒窗的意义，我看不出他们与那些初中毕业在工地扎钢筋的年轻人有何不同，所差只是一个工作轻松，一个工作累；一个工作赚钱多，一个工作赚钱少；一个工作体面，一个工作不体面。

我想到日本和日本人，一个小小的岛国为何如此强大，尤其是企业竞争力。我觉得关键就是日本人有使命感，子承父业就是日本人的使命。正是这种家训和信念，让日本企业生生不息。所以现如今在日本超过一两百年的企业有数万家之多，甚至还有超过一千多年的企业。这些企业代代传承，祖祖辈辈就做一件事，做到极致，做到世界第一，做到隐形冠军。事实上，日本人的子承父业精神正是从中国文化中吸收并固化的；但讽刺的是，这种子承父业的使命感在中国却不太好找。中国的年轻人在西方自由风的吹拂下，已经到了"暖风吹得青年醉，直把中国当欧洲"的地步，甚至比欧洲还欧洲。然而，他们中很多人所谓的自由，本质上不过是跟着欲望和感觉走，而并不考虑自己的父母、家族、社会及国家。

　　我有个朋友从传统行业转向少儿培训和教育行业，说教育是自己的梦想和使命，为此他考察了很多国外相关的教育培训机构。决定用最好的材料装修教学区，给孩子们营造最好的学习和成长环境，当然也收更高的学费，生意做得风生水起，遍地开花。但当我静下来仔细一想后，觉得他只是在做商业而非真正地做教育，也未真正地理解教育，更莫谈使命了。他的孩子从国外留学回来，去干烧烤餐饮之类的连锁产业去了，而不愿意接他高大上的教育接力棒，把他气得够呛。事实上，没有真正的使命是影响不了别人的，包括自己的孩子。

　　何为使命？使命是一种信仰；使命是一种自觉之后的担当；使命是无论多艰难都不会放弃，不行就换条路，再不行就再换条路；使命是不讲回报的——践行使命的过程就是回报，没有这种精神和理解是很难谈使命的。我从《舌行天下》《少年正气说》《智慧父母》，再到《演讲大道》《成功之道》的转变就是使命的推动。回到自身，我是一名教育工作者，我也建议我的孩子在未来能子承父业，成为一个受人尊敬的老师，一个点亮人心的老师，一个给学生带去温暖的老师，一个能修身齐家、以身作则、传道授业解惑的老师。

二、勤俭节约的家风

案例一：王羲之

谈到勤字，不得不说王羲之的儿子王献之。相传王献之在练书法时写掉了三缸水，书法水平确实到了很高的程度，有一次王献之写了一篇大字，捧到父亲面前，请父亲点评。王羲之看完后，发现儿子的大字中有个"太"字少写了一点，于是顺手把这个点点上了，然后让王献之将字拿给母亲看。母亲看后对儿子说："吾儿磨尽三缸水，唯有一点似羲之。"王献之非常惭愧，便真心诚意地问父亲如何才能练好书法。父亲意味深长地对王献之说："写字的秘诀也是有的，就在咱们家的十八口水缸里，你把这十八口水缸里的水都写完后，自然就知道写字的秘诀了。"从此王献之再也不沾沾自喜走捷径了，每天勤学苦练，终于与父亲齐名，并称"二王"。

案例二：司马光

很多人都听过司马光砸缸的故事。司马光是北宋大臣，文学家、史学家，他前后用了十九年之久主编了《资治通鉴》。他一生刚正不阿，为官清廉，勤俭自律。在司马光生活的年代，社会风气奢侈腐化，人心浮躁。为避免子孙走上邪路，司马光结合自己的家族传统及个人的生活经验，在晚年特意给儿子司马康写了一则名为《训俭示康》的家训。全书都在阐述"成由俭，败由奢；由俭入奢易，由奢入俭难"的道理。我摘取其中片段，供读者朋友参考——

吾本寒家，世以清白相承。吾性不喜华靡，自为乳儿，长者加以金银华美之服，辄羞赧弃去之。二十忝科名，闻喜宴独不戴花。同年曰："君赐不可违也。"乃簪一花。平生衣取蔽寒，食取充腹；亦不敢服垢弊以矫俗干名，但顺吾性而已。众人皆以奢靡为荣，吾心独以俭素为美。人皆嗤吾固陋，吾不以为病。应之曰："孔子称'与其不逊也宁固。'又曰'以约失之者鲜矣。'又曰'士志于道，而耻恶衣恶食者，未足与议也。'古人以俭为美德，今人乃以俭相诟病。嘻，异哉！"

近岁风俗尤为侈靡，走卒类士服，农夫蹑丝履。吾记天圣中，先公为群牧判官，客至未尝不置酒，或三行、五行，多不过七行。酒酤于市，果止于梨、栗、枣、柿之类；肴止于脯、醢、菜羹，器用瓷、漆。当时士大夫家皆然，人不相非也。会数而礼勤，物薄而情厚。近日士大夫家，酒非内法，果、肴非远方珍异，食非多品，器皿非满案，不敢会宾友，常量月营聚，然后敢发书。苟或不然，人争非之，以为鄙吝。故不随俗靡者，盖鲜矣。嗟乎！风俗颓弊如是，居位者虽不能禁，忍助之乎……

案例三：陈嘉庚

陈嘉庚是著名的爱国华侨领袖，他出生在华侨世家，他的祖辈们远渡重洋到新加坡谋生创业。他曾长期侨居新加坡经商创业，累积了大量财富，并将这些财富捐赠给祖国搞建设，尤其是投资教育，令人感动。陈嘉庚在 1921 年创办的厦门大学，是中国近代教育史上第一所华侨创办的大学，培养了数学家陈景润、文学家余光中等人才。

但陈嘉庚自己却十分节约，他的早餐基本上只有一杯牛奶、两个鸡蛋，午餐、晚餐均是地瓜稀饭，下饭菜不外乎青菜和小鱼虾。他不抽烟，不喝酒，厉行节约。有一次，炊事员看着实在不忍心，便给他买了一只鸡，他很生气，严肃地批评炊事员自作主张。他的办公室只有十平方米左右，室内只摆一张单人小木床、一张办公桌、一把椅子、一张小茶几、两只旧沙发和一个木制的脸盆架。他平时只喝白开水，招待客人也是白开水。

他常说："该用的钱，就是百万千万也要用；不该用的钱，一分也不能浪费。"有一次，陈毅副总理去集美视察，陈嘉庚请他喝茶，一位工友买了一块钱的糖果。事后，陈嘉庚批评了那位工友，说："陈毅同志是首长，至多拿一两块糖果吃，不像小孩子一块接一块地吃，买两毛钱的就足够了。何况，我们的原则是：事业上该花的钱就花，生活上该节约的钱就节约。"

联系实际：

勤俭节约四个字的核心是"勤"——勤者必俭，勤劳的人知道劳动的不易，所以必俭朴。勤者必节，一个用劳动堂堂正正赚钱的人一定有节有人格，一定不会毫无惭愧心地做啃老族，一定不会被包养吃软饭，一定不会作奸犯科铤而走险，一定不会寄希望于炒股而一夜暴富。勤者必约，一个靠劳动吃饭的人一定会自我约束。著名画家郑板桥深知勤对人生的意义，所以给女儿唯一的嫁妆就是郑家传世的针线匾，希望女儿嫁到婆家后要劳动，要勤快。

天下无难事，只怕一勤字。相对于非洲人和美洲人而言，亚洲人是比较勤奋的，尤其是中国、日本和韩国。这也能解释为什么这三个国家能快速崛起，而在这三个国家中日本人和韩国人更是工作狂，工作到深夜甚至通宵的情况都是家常便饭。

我相信说到这里，大家或许会同意"勤"字。但又有很多人认为，当下物质生活已经很丰富了，为什么还要俭和节约呢？这种怀疑或许有一定道理，但俭与节约已不仅仅是物质匮乏时所要秉承的价值观，更是超越物质而达到人格层面所必须秉持的修身理念。孔子说"以约失之者，鲜矣"，孟子说"养心莫善于寡欲"，诸葛亮在《诫子书》中说"静以修身，俭以养德"，说的都是"约"。同时，我们可以看到勤俭节约的反义词是骄奢淫逸，一个骄奢淫逸的人必然是无所顾忌的，正所谓"小人行险以徼幸"，最终必是天网恢恢疏而不漏，行险者终不能侥幸，所以从个人幸福和家族和谐的角度来说，父母要带头给孩子做表率，提倡勤俭节约的家风。

三、乐善好学的家风

案例一：余彭年

1922 年，余彭年出生于湖南一个商人家庭，2015 年于深圳去世。他是国内百亿裸捐第一人，他常挂在嘴边的一句话就是："儿子弱于我，留钱做什么？儿子强于我，留钱做什么？"

1958 年，余彭年偷渡到香港，行囊中只有一套换洗衣服。在香港，由于语言不通，他干过清洁工、勤杂工、建筑工，最苦的时候每顿饭只有一个馒头和一杯开水，随后开始漫长的创业生涯，浮沉起落，沧海桑田。

1973 年，影星李小龙去世，留下一套 1 000 多平方米的豪宅。香港人信风水，认为名气太大的人住过的房子不能住，一时无人敢买。但余彭年偏偏不信这一套，他从银行贷款，加上自己的积蓄，购得此房，此后这套房子的市值直线上升，余彭年在香港的事业也是蒸蒸日上。几乎同时，他在祖国的慈善事业也越做越多，从湖南慢慢辐射到全国。

在中国慈善法并不完善的时代，做慈善是很艰难的。1988年，余彭年向湖南省有关单位捐赠 10 辆进口救护车。两年后他得知，救护车里面的设施被改造，本应用于急救病人的车成了某些领导的专用车。盛怒之下，余彭年将捐赠车辆悉数收回，转赠几家县级医疗单位。然而他没想到，转赠的救护车再次被挪作他用。虽然受赠人或单位的自私、无知甚至是无耻让余彭年失望和愤怒，但并未阻止余彭年一颗服务社会、奉献社会的大爱之心。

2000 年，坐落在深圳彭年广场上的彭年酒店正式营业，余彭年宣布酒店所有收益全部用于社会捐赠，令人感动。我多次呼吁朋友们和学生们到深圳尽量住彭年酒店，因为住彭年酒店就等于做慈善。2018 年，我特意去彭年酒店开课住宿，用行动支持余彭年的大爱无疆。

2007 年，余彭年被美国《时代》周刊评为"全球 14 大慈善家"之一，与他同时上榜的中国人只有华人首富李嘉诚。

2013 年 7 月，余彭年在采访中表示："我还有一个心愿，希望在有生之年能够挣够一百亿，捐够一百亿。"2015 年 5 月 2 日，余彭年走完了他 93 年的风雨人生，带给这个世界的慈善和爱心何止百亿？又何止千万亿？如果说林则徐那句"子孙若如我，留钱做什么，贤而多财，则损其志；子孙不如我，留钱做什么，愚而多财，益增其过。"影响了余彭年对财富的态度，那余彭年的百亿裸捐，未来又能影响多少人呢？这正是我花这么多笔墨描写余彭年先生的用意所在。

案例二：左宗棠

左宗棠是清朝末年的国之重臣，为近现代中国国土面积的完整立下了汗马功劳，有字联云："身无半亩心忧天下，读书万卷神交古人。"左宗棠有两个儿子，虽然他日理万机，驰骋疆场，但他并未因公事繁忙而忽略对孩子的教育。左宗棠常用写信的方式对儿子的学习进行指导，他在信中强调以下几点，很值得今人参考。一、读书做人，先要立志，强调志患不立，尤患不坚。二、读书要讲究方法，要眼到、口到、心到，强调全神贯注地读书。三、读书要专心有恒，不要心浮气躁，糊涂懒惰，要和力争上游的人交朋友。四、读书终究是为了做人，要做一个光明磊落的人。

左宗棠强调，小时候志趣要远大，高谈阔论固自不妨，但须时时反躬自问。我嘴里是如此说话，我心中究竟是不是这样想的？我说别人做得不对，我自己做事时又如何？左宗棠说到自己：我在军中，做一日是一日，做一事是一事，日日检点，总觉得自己很多不是，很多欠缺，希望孩子们能自我反省，日日更新。好学的左宗棠时刻不忘曾子"三省吾身"之教诲及《大学》引文"苟日新"与"作新民"之训诫。

案例三：苏轼

谈到苏轼，自然会想到他的父亲苏洵，古《三字经》云："苏老泉，二十七，始发愤，读书籍。"由此可见，苏洵小时候贪玩不喜读书，直到二十七岁才幡然醒悟，如饥似渴地学习。他自然不能让两个儿子走自己曾走过的"少壮不努力，老大徒伤悲"的老路，所以对两个儿子苏轼和苏辙很早就精心培养，引导他们读书。我们能想象当时的苏家一定是个学习型家庭，我们甚至能想象苏洵坐在椅子上或躺在床上听两个儿子大声朗读的情形，这样的家庭怎么会不出人才呢？

苏洵反复告诫两个儿子，写文章一定要有真知灼见，切不可因袭他人，要"言必中当世之过"，像五谷能充饥、良药可治病一样，能解决实际问题。苏洵反对浮华不实、无病呻吟的文风，十分欣赏韩愈和欧阳修的文章。

苏洵亲自指导两个儿子读书，亲自带着他们游历天下，努力抓住一切机会帮两个儿子寻找名师和伯乐。后来，他听说成都有个张方平，非常爱惜人才，于是就领着两个儿子跋山涉水，晓行夜宿，从眉山一直赶到成都去拜见，拜托张方平举荐两个儿子，包括自己的文章。

张方平读了三苏的文章后，十分惊讶，立刻写信将父子三人推荐给欧阳修。欧阳修看完三苏的文章，拍案叫绝："笔挺韩筋，墨凝柳骨，后来文章当属此三人，张方平可谓举荐得人。"欧阳修很快就将三苏引荐给当时的宰相韩琦。韩琦见了苏氏父子，也很高兴，感叹道："议论风发，文字优长，倘能为国家出力，真是朝廷的福气了。"从此，三苏名满京城。

后来哥哥苏轼和弟弟苏辙同场应试，同时名列前茅。欧阳修拿着他们的文章对别人说："恐怕三十年以后，人们只知道有苏文，不知道有我欧阳修的文章了。"身为父亲，苏洵一边自嘲一边自豪："莫道登科易，老夫如登天。莫道登科难，小儿如拾芥。"好学的家风改变了苏家，也改变了中国文坛。

联系实际：

古人云："忠厚传家久，诗书继世长。"忠厚者积善也，诗书者学习也。《周易》云："小人以小善为无益而弗为也，以小恶为无伤而弗去也。"

一方面，人们总希望自己创造的财富能源远流长；另一方面，富不过三代的告诫和事实又殷鉴不远。再加上近现代社会变化剧烈，温柔场，富贵乡，你方唱罢我登场，各类来自地球村的信息和观点如潮水般地冲泡着人们本来就浅薄的大脑。这种情况下，对大多数没有信仰的人来说，基本上都是糊里糊涂地过日子。人们不太相信忠厚积善、诗书传家之事，这种短视思维，实在可惜。

自古以来，要想家族昌盛，就必须读书行善。杨绛的父亲杨荫杭不主张置家产，他认为经营家产对本人来说，太耗费精力，甚至把自己降为家产的奴隶。他对子女说，家产也是个大害，子女图家产，就不图上进。杨荫杭非常重视读书，有一次他问杨绛："三天不读书，你怎么样？"杨绛说："不好过。"他又问："一星期不让你看书呢？"杨绛说："一星期都白活了。"父亲笑了笑说："我也是这样。"

林同济先生的家族有一句话："我们的先人没有给我们留下任何财产，但他们却给我们留下了比金钱更重要的东西：读书受教的头脑、慈悲待人的心和对祖国的爱。"

荣德生回忆父亲的一句话："一家有余顾一族，一族有余顾一村。"事实上，能传承十代左右的名门家族，其家风都有个共同点，那就是或行善或好学。无论是广东梁家的梁启超、梁思成、梁从诫，还是无锡钱家的钱基博、钱锺书、钱玄同、钱三强、钱学森、钱伟长，概莫能外。

四、因材施教的家风

案例一：祖冲之

祖冲之是南北朝时期的数学家和天文学家，他推算出圆周率的值在 3.1415926 和 3.1415927 之间，这是当时世界上最精确的数值。但祖冲之的成长并非一帆风顺，他的父亲祖朔之是一位学识渊博的读书人，当然也希望儿子能成为一个有学问的人。在祖冲之才五六岁的时候，父亲就手拿木尺逼着他背《论语》之类的经书。但祖冲之就是背不出来，读了好几年，还背不出多少经典。看到儿子背书时哭丧着脸，祖朔之也经常气急败坏地骂儿子"朽木不可雕也"。

爷爷祖昌一直观察着孙子，觉得孙子读书不行，干点别的或许是可以的。爷爷是当时的大匠卿，是主管建筑工程的官员，他经常带着祖冲之到建筑工地去。在那里，祖冲之看到了大山、河流、田野、村庄和各类建筑，看到了天上的星星，牛郎星、织女星、北斗星……祖冲之对这一切很有兴趣。

祖冲之经常问爷爷："月亮为什么有时圆有时缺？"慢慢地，爷爷祖昌发现祖冲之对数学和天文有天赋，于是给他推荐相关的书籍，并带他拜访当时的数学家和天文学家。在爷爷的引导下，祖冲之这个父亲眼里的笨小孩变成了历史上辉煌灿烂的大数学家和天文学家。

案例二：李时珍

李时珍是明代杰出的医学家和药物学家，他经过二十七年艰苦卓绝的努力，阅读八百余种书籍，撰写了一百九十多万字的中医学巨著《本草纲目》。这是一部医药学的集大成之作，被译成日、英、德、法、俄、拉丁等多种文字，流传于世界。达尔文读了《本草纲目》，惊叹它是"中国古代的百科全书"。

李时珍小时候就跟随父亲李闻言上山采药，帮助父亲将药材分门别类。在父亲的熏陶下，李时珍对医药产生了浓厚的兴趣。虽说李言闻也是当时著名的医生，但由于当医生地位不高，常受人歧视，甚至在品尝草药时还有生命危险，出于私情，李闻言不希望儿子再做医生，而是希望儿子考取功名，光宗耀祖。

在父亲的督促下，李时珍十四岁那年考中秀才，后来考举人三次落选，慢慢地李闻言也看清了儿子确实不是考科举的料，便开始在医药方面全方位引导和培养李时珍。李时珍二十四岁那年跟随父亲正式行医，父亲对李时珍的要求很高，李时珍也很刻苦，尤其重视医德和医药理论的学习。相传李时珍"读书十年，不出户庭"，可见他学习理论之刻苦。同时，父亲又告诉李时珍"熟读王叔和，不如临症多"，要求李时珍不光要学习理论更要注重实践。

李时珍的父亲在医药大方向上因材施教，在李时珍行医的过程中，父亲更是不厌其烦地随机点拨，终于培养出青出于蓝而胜于蓝的医药大家。

案例三：叶圣陶

叶圣陶是现代著名的语言文字学家，生有三个子女，老大叫叶至善，老二叫叶至美，老三叫叶至诚，可见父亲对子女的一片用心和期待。

叶圣陶的大儿子叶至善小学毕业后，考入了一所以学风严谨、学生成绩优异而闻名的省立中学。他读了一年，因四门功课不及格而留级。他在小学共留过三回级，刚进中学又留级了，叶至善非常难过。母亲对孩子的分数还是很看重的，面对那张成绩报告单，免不了要唠叨和责怪几句。可叶圣陶却从不说什么，他不太注重考试，也不大相信分数。他看出儿子的长处和短板，更确定儿子适合什么样的学习环境，于是将他转入一所私立中学。这所学校的教学方法和省立中学完全不同，叶至善很适应这里的学习氛围，很快变得开朗了，乐观了，快乐了。在叶圣陶的精心培养和因材施教下，叶至善这个在小学和中学四次留级的孩子，终于成为著名作家。

联系实际：

就教育层面而言，孔子的伟大之处在于：一、开创了平民学习的先河；二、示范了因材施教的教育方法。事实上，每个人都是天才，只是没有被放对位置，所谓的垃圾只是被放错位置的宝贝。

反观今天，父母们对孩子的教育大多采用跟风模式，各类兴趣班和培训班为了各自的业绩需要也在推波助澜。父母让孩子穿梭于各类培训班之中，而根本不去探求和关注孩子是否是这块料。这种整齐划一的格式化学习对孩子的成长没有什么大的价值，相反还会过早戕害甚至磨灭孩子的兴趣。

谈到因材施教，我想对"材"做重点说明，每个孩子都是一个"材"。木材的生长是有周期的，除非是打激素的或转基因的，否则对任何一个"材"的培育都需要时间和耐心。我看到很多家长总希望给孩子找到学习的捷径，什么写诗特训营，三天就能下笔如神，写出各种诗来。我对类似于这样的高速成长，总抱持战战兢兢如履薄冰的谨慎态度，敬而远之。人生是短暂的，需要珍惜时间，但人生又是漫长的，需要有耐心——我相信任何因材施教的理论和实战操作，或许都要加一句话——"孩子，你慢慢来。"

五、不忮不求的家风

"不忮不求"来源于《论语》，子曰："衣敝缊袍，与衣狐貉者立，而不耻者，其由也与。'不忮不求，何用不臧？'"子路终身诵之。子曰："是道也，何足以臧？"

这段章句翻译出来的意思是——孔子说："穿着破麻布袍的人和穿着狐皮大衣的人站在一起，一点也不自卑的，恐怕只有子路了。'既不妒也不贪，走到哪儿都心安。'"子路听后很高兴，就一直念叨这两句诗。孔子提醒说："停在这个水平，怎么足以心安呢？"

虽然孔子鞭策子路勿停留在"不忮不求"的人生状态，但普通老百姓若能做到"不忮不求"就很了不起了。在这部分，我只写一个案例，那就是曾国藩对孩子的劝诫。关于曾国藩的家书和家训有很多内容，在此我只分享曾国藩去天津之前写的两首诗，一是《不忮诗》，二是《不求诗》，分别用于叮嘱孩子不要嫉妒别人，也不要贪婪外物。

《不忮诗》

善莫大于恕，德莫凶于妒。妒者妾妇行，琐琐奚比数。

己拙忌人能，己塞忌人遇。己若无事功，忌人得成务。己若无党援，忌人得多助。

势位苟相敌，畏逼又相恶。己无好闻望，忌人文名著。己无贤子孙，忌人后嗣裕。

争名日夜奔，争利东西鹜。但期一身荣，不惜他人污。闻灾或欣幸，闻祸或悦豫。问渠何以然，不自知其故。尔室神来格，高明鬼所顾。天道常好还，嫉人还自误。幽明丛诟忌，乖气相回互。重者灾汝躬，轻亦减汝祚。

我今告后生，悚然大觉悟。终身让人道，曾不失寸步。终身祝人善，曾不损尺布。消除嫉妒心，普天零甘露。家家获吉祥，我亦无恐怖。

《不求诗》

知足天地宽，贪得宇宙隘。岂无过人姿，多欲为患害。在约每思丰，居困常求泰。

富求千乘车，贵求万钉带。未得求速偿，既得求勿坏。芬馨比椒兰，磐固方泰岱。

求荣不知厌，志亢神愈忾。岁燠有时寒，日明有时晦。时来多善缘，运去生灾怪。

诸福不可期，百殃纷来会。片言动招尤，举足便有碍。戚戚抱殷忧，精爽日凋瘵。

矫首望八荒，乾坤一何大。安荣无遽欣，患难无遽愁。君看十人中，八九无倚赖。

人穷多过我，我穷尤可耐。而况处夷途，奚事生嗟忾。于世少所求，俯仰有余快。

俟命堪终古，曾不愿乎外。

联系实际：

嫉妒和贪婪是人的两大劣根，与生俱来，人人各异。面对别人所谓的优点，不具备的就嫉妒，等自己也具备了则转化为轻视，所以文人相轻。事实上，何止文人相轻，美人也相轻，两个美女彼此看不上对方；富人也相轻，开奔驰的看不起开宝马的；能人也相轻，两个职业和岗位能力差不多的人很难共事。

唯有道并行不悖。君子行道，故君子和而不同；小人逆道，故小人同而不和。时间是道，故春有百花秋有月，夏有凉风冬有雪。空间是道，故天上地下，鸢飞鱼跃，草生木长，生生不息。中国文化博大精深，儒、释、道可谓其中之精华，虽然三家的体相用有同有异，但三家都是引导世人关注人心，关注精神，且都喜用"水"来表达。孔子言，逝者如水；老子言，上善若水；禅语言，善心如水。君子之交即以道相交，"应如水"而不仅是"淡如水"。

事实上，嫉妒在本质上是自卑导致的，会随着自己内在不断变得强大和外在世界的相对稳定而减少或不再嫉妒。在读书时，我被《秦誓》里"若有一介臣，断断兮无他技，其心休休焉，其如有容焉。人之有技，若己有之；人之彦圣，其心好之；不啻若自其口出，寔能容之"这段文字深深影响。我也常常被这种"见人之得，如己之得；见人之有，如己之有"的境界感动，长期浸泡在这样的文字里，我的嫉妒心慢慢消失，当嫉妒心消失时，欣赏之心就升起了，人也就找到了幸福和自在。

在幸福和自在中，我理解了"欣赏"二字，欣赏这个世界，欣赏世界上的人、事、物，欣赏水里的游鱼，欣赏空中的飞鸟，欣赏含着露珠的小草和露珠。要欣赏，不要占有，不要嫉妒。

有一次，我带儿子去学生的办公室，学生拿出一个很酷的坦克模型给我儿子玩，他玩得很尽兴。走的时候，学生要把坦克模型送给他，我对儿子说："我们要学会欣赏，不要占有，你已经玩过了，欣赏过了，就不要占有了，好吗？"由于我长期和儿子分享这样的价值观，儿子很自然地接受了我的观点。一个真正懂得欣赏而不是占有的人，就同时解决了嫉妒和贪婪的劣根，因为欣赏所以不嫉妒，因为欣赏所以不贪婪——这就是幸福的智慧。

写到这里，我想用诸葛亮《诫子书》这篇短小精悍的旷世鸿文为本篇做个恰如其分的小结——

夫君子之行，静以修身，俭以养德。非淡泊无以明志，非宁静无以致远。夫学须静也，才须学也，非学无以广才，非志无以成学。淫慢则不能励精，险躁则不能治性。年与时驰，意与日去，遂成枯落，多不接世，悲守穷庐，将复何及！

我用《诫子书》中提到的"修身"，表达拙作第一篇的思想，此承上也；用文中的"励精"，表达拙作接下来要写的"立业篇"，此启下也。

很多人认为上班真累或做事业真累，这种抱怨或感觉完全能被理解。但从相反的方向看，如果不上班，只让人吃、喝、拉、撒、睡、玩，很多人或许也会疯掉，而且容易走入歧途。所以工作对大多数人来说不是惩罚而是奖赏。

有一次，我去杭州火车站，送我去车站的是一位 50 岁左后的中年男子，装扮与气质不太像开车的司机。我们在车上聊天，他告诉我他正在创业，事业出现了点状况，处于调整期，所以，有很多空闲时间。我追问道："为何不趁机放松一下呢？"他说："人不能闲着，长期闲着身体会出问题，精神也容易抑郁，我这样兼职开开专车，每天接触天南海北的乘客，听他们聊天，或许能找到事业的突破口。"这果真是一个很聪明的浙江老板。

改革开放四十年，人人都在搞经济，各行各业不安分的人都纷纷辞职，专有名词叫下海。马云从老师的岗位下海、柳传志从研究员的岗位下海、王石从公务员的岗位下海，他们都在商业上取得了巨大成功，也带动了更多人下海经商。可以说这一波企业家引领了中国的财富浪潮，可见事业无论对于个人、家庭还是国家都非常重要。人们常说经济基础决定上层建筑，对于大多数人而言，不可能像颜回一样，在生存需求未得到解决的情况下，就能走向自我实现的生命境界。

　　本篇我从宏观的角度来分析做好事业需要的素质和能力，由于我一直和企业打交道，包括员工、高管、老板、企业家，我听过很多他们身上或失败或成功的案例和经验，他们虽然不是马云、柳传志和王石之类的知名企业家，但他们也代表着中小企业的成功之道，我会在本篇最后写写他们的故事。

第一章 选择职业的原则

第一节 选择我想和我能的职业

古话说："男怕入错行，女怕嫁错郎"。当然今日社会，男女平等，男女都怕入错行，可见选择职业是多么重要的一件事。然而，今天的人们对职业的选择往往很浅薄，大致热衷于以下五个倾向：一、以流行为导向；二、以赚钱为导向；三、以面子为导向；四、以安逸为导向；五、以虚荣为导向。

很多人在选择职业时，流行什么就做什么，这是这一种随大流的思维。但很多人认为，流行代表着趋势和未来。我不反对这样的观点，人要是能站在合适的风口上，确实能吃到红利，但并不表示我们要做这样的投机者。我相信站在风口上，有些猪确实会飞起来，但当风停下时，摔死的也是猪。有人又说，某某行业是夕阳行业，没有未来。我也不反对这样的观点，但并不表示夕阳行业没有未来，夕阳到极点的创新就是朝阳，我相信没有夕阳的行业，只有夕阳思维的人。

我在这里不是抨击选择职业时以流行为导向或其他四类导

向，事实上，很多人在初期职业生涯选择的时候都是以上述五类标准作为指导原则，这是很正常的。我当初也是如此，在这里，我以自己作为案例来分析一下我的职业生涯是如何选择的，供读者朋友们参考。

在详细分析之前，我要说的是：无论选择什么职业，我都建议忠于自己的心和能力，即"想做"和"能做"这两个核心驱动因素。但刚毕业的学生，很难准确地知道自己想做什么或能做什么？就像结婚一样，很多人并不知道自己到底适合和什么人结婚，所以婚恋专家建议年轻人在结婚前要谈三五场正儿八经的恋爱，以更加准确地了解自己到底适合和什么样的人生活一辈子。选择职业也是一样，我建议刚走进职场的年轻人，可以在五年之内做三五份正儿八经的工作，以确定自己到底适合做什么行业和职业。

当然，我们也很遗憾地看到，谈了数场恋爱的人对婚姻失去了信心，换了数份工作的人对职业失去了希望。他们依然不知道自己的"想"和"能"，简单地说，这是缺乏智慧的表现，更深层次地来说，应该从自己身上去找原因，而不是抱怨外面的世界。这就是我为何不断强调"修身"的价值，这是成就世间和出世间一切的根本。

如果实在不知道自己的"想"和"能"，可以先确定自己的"不想"和"不能"。刚毕业那会儿，我也不知道自己的想和能，但我可以确定的是，我不想待在老家的小县城和乡镇里，接受父母千辛万苦、求爷爷拜奶奶而得到的一份工作。这是我上大学时就确定的方向，我想通过自己的双手创造属于自己的人生。

　　其实，在上大学前选专业的时候，就已经是职业选择的萌芽了。以我自己为例来说，我读的是计算机专业，当时选择这个专业时，就是看中这个专业具备的流行、赚钱、有面子、安逸和虚荣等特质。后来才发现，自己根本不是学计算机的料，在职场上短暂又多次地尝试后，我果断放弃了计算机领域的职业，选择了适合我自己发展的营销方面的职业。

　　事实上，我就算知道了自己适合做营销，但对于行业的选择，我依然很迷茫，不知道自己真正想做什么行业，能做什么行业。所以，在五六年时间里，我做了五六个行业，最终确定教育培训行业。多年的营销经历，让我练就了一副好口才，于是我从营销人员转型做营销培训师，正式切入教育培训行业。其实，营销培训师职业依然符合"流行、赚钱、有面子、安逸和虚荣"等特质。

　　2008年，我写了一本叫《虎口夺单》的营销书籍，我在全国各地给中外各大企业营销团队做培训，我的视频、音频和文章点击量也达到千万以上。在营销培训事业做得风生水起时，我却在思考自己到底更想做什么，更能做什么。在不断地探索中，我转型到总裁演讲这个行业。2012年，我写了一本叫《舌行天下》的演讲书籍，通过多年的探索和坚持，如今，五天的总裁演讲课程，学费高达八万多元，而且还有持续上涨的空间，至少在市场层面来说，这个课程得到了学员的认可。如今我早已不讲《虎口夺单》的营销课程了，但《舌行天下》《演讲大道》等总裁演讲课程却是我的终生职业。我承诺和同学们持续学习成长一万天，或将训练营课程开到一千期，这是我想做也能做并愿意持续为之付出的事业。

我继续思考，在精力许可的情况下，我还想做什么？我还能做什么？由于《舌行天下》《演讲大道》等总裁演讲课程的学生都是总裁、老板或企业家，他们中很多人都有一颗奉献社会的心，于是我发起了"我行我善"的慈善公益平台。在他们的支持下，短短几年，"我行我善"慈善公益平台为云贵川和宁夏等地区捐赠了十万多件衣物、两万多本字帖和六百多万元助学金，这是我想做也能持续去做的事。

我继续思考，在精力许可的情况下，我还想做什么？我还能做什么？随着事业的稳定，我开始关注家庭的幸福，关注人活着的意义，我开始如饥似渴地在中国传统文化中寻找生命的养分。这些年我持续地写作，创作了《智慧父母》，合作译注了《颜氏家训》，以及这本我最满意的《成功之道》。我希望通过课程和书籍给爱学习的人带去思考，和他们一起探索生命的成功、家庭的成功和事业的成功。我认为只有这三点都成功了，才是人生真正的成功。我还希望和他们一起为社会做一些小贡献，为偏远山区带去一些慈善和公益的支持。

我继续思考，在精力许可的情况下，我还想做什么？我还能做什么？儒释道的传统文化滋养了我的生命，让我的生命绽放，让我的家庭和事业都变得更美好，我希望能搭建一个国学学习平台，让更多中国人都能从传统文化中得到滋养。我创立了"尽心学堂"，让致力于传播中国传统文化的老师们在"尽心学堂"里传播中国传统文化的智慧，让传统文化的智慧点亮当下人们浮躁、焦虑又寡淡的心。

"尽心学堂"中的"尽心"二字来自《孟子》的"尽心知性知天",这就是个体生命的意义。要真正做到"尽心知性知天",则必须"立志"——要敢立"圣贤之志",要坚信"圣人之道,吾性自足,不假外求"。

尽心、知性、知天是对个人生命修行结果的描述,如何一步地实现呢?首先从"察端"开,察自己的仁之端——恻隐之心;察自己的义之端——羞恶之心;察自己的礼之端——恭敬之心;察自己的智之端——是非之心。以上四心都是真心之体的四个相与用,在具体发用时,吾人应以恻隐之心为生命底色来看待世界,以是非之心应具体之事,以恭敬之心待人接物,以羞恶之心反躬自省。

孟子说,人们都有着与圣人同类的四端,就像人人都有四肢一样,不容怀疑,事事时时都要体察这四端,并将其"扩充"出去,如泉之始达,火之始燃。且要时刻觉察自己的心是否在正道上——"勤学",学,觉也,勤学就是时时觉察自己的心,一旦发现妄心升起,就立刻"改过",并时刻对自己"责善"。虽然人最难战胜的就是自己一波还未平息一波又来侵袭的妄心,阳明先生也曾说过"破山中贼易,破心中贼难"。但我相信,只要人们真有决心修炼自己,就有可能实现生命的绽放——尽心,知性,知天。如此或许也能做到齐家治国平天下。

"尽心学堂"秉持张载的四句教——"为天地立心,为生民立命,为往圣继绝学,为万世开太平"之宗旨——这就是我职业生涯的终极追求之体,相与用则是《舌行天下》《演讲大道》《智慧父母》和《成功之道》。

我所有的职业转型都是基于自己"想做"和"能做"这两个要素展开。当然，想做又分为两种情况，一种情况是私欲驱动，一种情况是使命驱动。就我个人来说，做《虎口夺单》和《舌行天下》这两份职业，80%都是欲望驱动，这些欲望里包含了赚钱、面子、安逸和虚荣。做《智慧父母》《成功之道》和《演讲大道》的课程80%是使命驱动。因为当我进入四十不惑的年纪后，虽未读破万卷书，也算行了万里路，并接触过各种各样成功的、失败的、幸福的、悲催的、麻木的、痛苦的、寡淡的人。我不断总结自己的人生、家庭和事业，我有一种强烈的使命感，希望把这些使人智慧又幸福的思想分享给需要的人。

很多人一辈子在选择职业时都受欲望驱动——想要赚钱的欲望、想要面子的欲望、想要安逸的欲望、想要虚荣的欲望，谁都逃离不了。我相信马云当初选择做六年老师和跳出来创业基本上都是欲望驱动的，但阿里巴巴的今天或许是使命驱动的——创造更多商业繁荣，创造更多就业，创造更多税收，改善人民的生活水平。马云从阿里巴巴退休后从事慈善和乡村教育。曹德旺说："我们不能移民。我的根在中国，我们曹家移民，中国人没玻璃。"这应该都是纯粹的使命驱动。

事实上，无论是在曹德旺还是马云身上，都验证了"仓廪实而知礼节"，所以我呼吁那些仓廪实的人在选择职业时要考虑礼节。如果说孝是"礼节"，那仓廪未实时是孝双亲，是老吾老；仓廪已实时是孝国家和天下，是人之老。因此，如果说仓廪实之前的礼节是文明礼貌的意思，那么仓廪实之后的礼节应解释为：礼者，理也；节者，节操也。

第二节　选择职业的四个原则

有人说，选择比努力更重要。对此我只认同一半。因为还有很多东西是不能选择的，比如出生和人生的福报。当然从更宽广的时空来说，出生和福报也是可以选择的。因此，努力决定着选择的筹码，而选择却不决定努力的程度，因为无论怎么选，人生都需要全力以赴。就选择职业来说，我有四个原则。

一、城市原则。中国是个人情社会，俗话说"在家靠父母，出门靠朋友"，所以在选择职业时，最好在三五年内把城市选定。如果要经常换城市的话，人脉关系会丢失的，千万别对自己太有信心。很多时候，人未走，茶已凉，何况换了城市，天各一方。当然，在选择城市的时候，除非特殊职业和行业，要选择北京、上海这样的一线城市，有些行业可以选择二线城市。有些人在一二线城市累积工作经验，再回到三四线城市或自己的家乡发展，反而有一种高举高打、高屋建瓴的从业优势。所以，我建议年轻的职场人士，花三五年时间定好自己要定居的城市，并努力经营自己的人脉关系。

二、行业原则。同样建议年轻的职场人士，在三五年之内要确定自己所要选择的行业，不要总想着哪个行业好，哪个行业不好。如我上文所写，选择自己想做的又有能力做的行业，都能成功。如果一定要跳槽，也尽量坚持行业内跳槽，这样在大概率上确保每次跳槽都能让自己升值。作为创业者，跨行是

187

危险的；作为工作者，跨行是贬值的。

三、平台原则。以我在全国各地见到的在职场上混得还不错的人，除了满足在同一城市、同一行业的原则外，还有一个共同的特征，那就是忠于一家企业。持守这三个原则的人或许没开上奔驰、宝马，没住上高档别墅，但买房、买车、成家立业还是很多的。相反，我很少见到经常跳槽、换城市却能取得成功的人。我甚至还见到一些工作十年以上依然到处面试找工作的人，这样的人是没有职场竞争力的。正常情况下，工作十年以上的人要么被猎头推荐，要么自己创业当老板，要么被同行高薪挖走，所以，工作十年以上还到处面试找工作的人基本都是职场上混得不如意的所谓的"失败者"。

四、家庭原则。时间在哪里，产出就在哪里。有些职业注定是要出差甚至要长期出差的，从事这样的职业，长期来看对家庭是有损害的，毕竟家人是需要陪伴的，纵然现在通信技术很发达，但依然无法替代家人之间面对面的温度和感觉。所以说，一个有责任心的企业家要照顾到员工的家庭陪伴需求，而不只是一味地让员工出差，要考虑到员工的家庭状态。当然，人生自古两难全，家庭与事业也很难两全。在革命年代，我们的革命先辈为了国家的解放牺牲了家庭的幸福，这是伟大的；但在今天这个时代，如果只是为了赚更多的钱而失去家庭的幸福，或许并不是明智的选择。以我的观点来看，如果我们从事欲望驱动的工作而冷落了家庭，是应该要深度反思的。当然，有些职业虽然在个人主观层面上是欲望驱动，但在客观上却造就了社会的美好。比方说，有些人升官的欲望很重，但确定有本事，在他的治理下，城市变得越来越好。有些职业虽然在主观上是"使命驱动"，但在客观上却伤害了社会，而且有百害而无一利，比如我下文所说的汽车改装行业。

第三节 术不可不慎也

选择职业时要谨慎，最好能选择养心的职业。孟子曾说过，在卖矛和卖盾二者之间要选择卖盾的职业，在卖棺材和卖药之间要选择卖药的职业，为何？卖矛的人每天想着要把矛做到最锋利的地步，争取见血封喉，否则矛卖不掉；而卖盾的人则刚好相反，总是想着把盾做坚固，保护人的生命。这两种不同发心的人，长此以往，气质也一定会发生变化，一个易变得冷血，一个易变得慈悲。

世界上的职业没有高低贵贱之分，但有三种职业是最养心的，一是老师，二是医生，三是法官。老师点亮人心，医生挽救生命，法官主持正义。当然，点亮人心的职业未必只有老师，任何一个言行举止都有可能从某个侧面点亮人心。在公交车上给孕妇让座，这个动作就已经在点亮人心了；农民种出来的无公害、非转基因粮食让人更健康，就是在挽救生命；为两个争执的人说句公道话就是在主持正义。

很遗憾，现代人选择职业时，大多是没有节操的。比方说开饭店的什么野生动物都敢杀，更关键的是，这些店还鼓励顾客多点野生的，以谋取利益，节操何在？再比方说，做奢侈品的什么珍稀动物的皮都敢剥，什么濒危动物的筋都敢抽，节操何在？还有改装汽车的小老板，视美国电影《速度与激情》里的明星为偶像，但他们不知道经由他们改装的跑车会在深夜将周边三里地的老人惊醒，彻夜不眠，甚至心脏病复发，这种助纣为虐的职业，难道不值得反思吗？

所以，如果有可能，请选择养心的职业——术不可不慎也。

第四节　使命驱动事业

每个国家在不同时期都有自己的创业文化，中国改革开放四五十年，人的欲望被彻底激发了，阶级和圈层被彻底打破了，帝王将相宁有种乎？人们个个摩拳擦掌，跃跃欲试，都想创业当老板，所以出现了"搞原子弹的不如卖茶叶蛋"的笑话。这些现象虽然在某种程度上促进了社会的发展，但也引发了社会职业间巨大的不平衡。很多大学老师辛辛苦苦教了一辈子书，他的学生步入社会后几年就赚到远远超出他的收入；有些老师还骑电瓶车上班，而他的学生则开着奔驰；甚至这些老师初中未毕业的发小也在创业的过程中赚得盆满钵满。这种横向比较确实让人难以平静。所以，要想在中国取得世俗的成功，创业似乎成了最佳路径，再加上大众创业、万众创新的社会思潮，人们对创业更热衷了。事实上，创业是极其艰难的事，直接成功率只有 4% 左右。哪些人适合创业，哪些人又不适合创业，只有自己多次碰撞之后才知道，正所谓"如人饮水，冷暖自知"，任何外界的教条和经验都只是参考。

可以说，这些年中国的创业潮展现并促进了中国经济的巨大活力，甚至很多大学生在乔布斯和盖茨神话的激励下也开启了创业模式。但乔布斯和盖茨毕竟是小概率事件，所以很多大学生创业还是以失败而告终。

何时创业最合适呢？我觉得，工作十年后再创业往往是比较好的选择，正所谓君子创业十年不晚。大学毕业十年后，年龄大约在三十五岁左右，这时人的精力、经验和人脉都处于最佳状态，创业往往更容易成功。但有人说，人到三十五岁激情就没有了，我的回答是，如果激情没有了就不要创业了，安安稳稳地上班也是很好的选择。

真正的创业激情与年龄无关，年轻的激情更多的是一种血气之勇，此乃小勇，乃匹夫之勇。而真正的创业激情是一种使命担当所激发出来的生命能量，属于义理之勇，此乃大勇，大人之勇。我有一个朋友汪总，他早年做生意赚了些钱，很早就开上了奔驰S350，后来转行，一直不顺，屡战屡败，屡败屡战。很显然，他不断战斗的过程是不服输的欲望在驱动，事实上他是没有创业激情的，或者说只是装得有激情，其实内心苦不堪言。后来他学习儒家的修身之学，尤其是阳明心学对他的触动非常大，他似乎找到了生命的意义。他投身到教育领域，虽然还在成功的路上，但我已发现他身上那种诚敬和笃定的力量，激情与从容并存，这是他以往所不具备的义理之大勇，我深深感动并倍受激励。

第五节 好好工作，天天向上

前面我说了，中国人的创业激情在某种程度上过了，已经给中国带来了相应的社会问题。一、创业的失败增加社会成本，至少未能让财富更好地裂变；二、创业意味着分裂，企业的合力容易被打散，影响中国大企业和基业长青型企业的诞生和持续。在日本则刚好相反，年轻人安于现状，勤勤恳恳地工作，再加上日本公司是终身雇佣制，所以日本的年轻人很少有喜欢创业的。而且近年的日本社会呈现出很强烈的低欲望现象，年轻人不想买房、不想买车甚至不想结婚，当然这些也严重伤害了日本社会的发展和未来，也是我们中国需要警惕的。

事实上，中日两国的年轻人处于两个极端，应该相互学习，中和一下。我呼吁更多中国的年轻人要先好好就业：选定一个城市，选定一个行业，选定一家公司好好学习，好好工作，为公司创造价值，一路晋升，在职场上实现个人价值。而不是一味地想着创业，不要以为当老板就了不起，也不要以为给老板上班就低人一等。

创业应该是一个自然而然的结果，不要硬上，只有极少数幸运儿在付出巨大努力的情况下才成了创业的太阳，而 96% 的大多数都只是陨落的石头，甚至连划破天空的光点都看不见。"工作"才是夜晚的萤火虫，正是这些无数个工作着的萤火虫才让夜空如昼。事实上，当工作创造了基本的仓廪实之后，工作就应该变成人生的修炼道场，这或许是工作的终极意义，从这个意义上说上班与创业是没有差别的。

当下，就中国而言，不是缺创业的老板，而是缺少真正的职业经理人。从这个意义上说，如果年轻人能好好学习，充实自己，做好工作，在未来的职业生涯里都会成为老板们哄抢的香饽饽，甚至比那些想创业当老板的人能获得更大的成功。事实上，中国创业的红利正在减弱，甚至消失，在未来做职业经理人或许才是成功的大道。

总结：面对职业生涯，我建议，选自己想做的、能做的、养心的职业，好好学习，好好工作，为公司和客户创造价值。同时还要照顾到自己的身心和家庭，这或许是适合大多数人的立业之道，这也是我理解的成功之道，更是《成功之道》这本书所倡导的人生理念与价值观。

第二章　成就事业所需要的领导力

第一节　做好事业的第一能力——领导力

无论是你是否愿意，你都已经身处信息化、民主化、市场化和全球化的四化时代。无论你是否察觉，你都身处变革（Change）、创造（Creative）、竞争（Competition）、危机（Crisis）、合作（Cooperation）的5C时代。在这样的时代要做好事业，经验很重要，制度也很重要，但领导力更重要。

领导力其实是一种魅力，是一种能吸引人并让人追随的魅力。彼得·德鲁克说："领导者的唯一定义是追随者，有领导职务只能说明有下属，只有把下属变成追随者，你才变成领导者。"那领导者具备什么才能让人追随呢？我觉得是梦想和使命，而梦想和使命的基石一定是爱——对人类的爱。我们可以说，小说里的唐僧被追随是使命感使然，历史里的刘备被追随亦是使命感使然。既然谈到事业，我来谈几个当下的商界人物，谈谈我对他们的感觉。

在当今商界，华为的任正非和格力的董明珠都是振臂一呼的领导者，毫无疑问，他们都是有使命感的人。董明珠天天喊"格力，让世界爱上中国造"；任正非虽然没有喊口号，但他的行动和业绩已经到了让美国动用国家力量来遏制其发展的地步了。在互联网界，马云是振臂一呼的领导者，他倡导让天空更湛蓝，让水更清澈，让粮食更安全，让人们更有诚信——这就是使命感。在手机领域雷军是领导者，虽然很多人诟病小米没有核心技术，但我相信雷军是有使命感的，他希望全世界的人用最少的钱买到最好的手机。事实上，雷军在年轻时就立志要开发中国人自己的办公软件——WPS，今天我们使用的 WPS 软件或许就是当年雷军在无数个夜晚敲打键盘开发出来的升级版。我深深地相信驱动雷军每天工作十五六个小时的是其使命感和情怀而非利益。相比较而言，步步高的老板段永平、做房地产的潘石屹、曾经的中国首富陈天桥等人则更多的是会赚钱的精明的商人，赚钱走人。当然，这是个人的选择和自由，但从领导力的层面来说，他们是无法和任正非、董明珠、马云、雷军等企业家相提并论的。

杰克·韦尔奇在《赢》中说："一旦成为领导者，我们需要有不同的行为和态度。在成为领导者之前，成功只与自己的成长有关，成了领导者之后，成功则与别人的成长有关。"从这个意义上说，唯有关注别人成长并将别人的成长上升为自己和组织的使命的领导者，才是真正的领导者。领导者，用孔子的话来说即是："修己以敬，修己以安人，修己以安百姓。"领导者，在老子那里也分成几个层次："太上，不知有之；其次，亲而誉之；其次，畏之；其次，侮之。"

综上所述，我尝试给领导者的核心能力——领导力做一个描述：领导力就是从我做起，以爱为内核，以创造让组织相关联成员的人生更美好为使命，并影响更多人点亮人生的过程。从这个意思上说，家庭的领导力即是从我做起，爱家人，爱亲戚，爱宗族，以达到近悦远来的愿景。企业的领导力即是从我做起，爱员工，爱客户，爱社会——让员工的物质和精神同时丰富；让客户因我们的产品和服务增值；给社会创造就业和税收，让国家因企业的存在而变得更加富强昌盛。

第二节　领导力＝领＋导＋力

我对领导力之"领"的解读如下：身为"领袖"，心中要有"纲领"，并"带领"大家创造美好；还要善于"领悟"人生哲理，不断学习，拥有多种"本领"（君子不器）；遇到"领奖"的机会，要留给下属（为而不争）。我简单解释，如下：

领导不仅是具体干活的人，更是带领大家干活并创造美好的人。也就是说，一个好的领导首先要带领大家做正确的事，所以说好的领导者一定要心有纲领，所谓纲领亦可说成战略。

领导者是上位，被领导者是下位，上位是形而上者，下位是形而下者。所以领导者要将实践变成理论，再用工作理论和人生哲理去指导下属的行为。

卓越的领导者都是多才多艺的，无论是马云、马化腾还是王健林，他们在公司的年会上都能载歌载舞，与民同乐，这就要求领导者有多方面的才能，此乃君子不器的领导者。

有些领导不喜欢抛头露面，任正非就是这样的领导者，无论是领奖还是发言我们都只能看到华为各事业部的总裁或副总裁而很少看到任正非。这种现象在格力公司更表现得淋漓尽致，人们都知道格力有个董明珠，但很少有人知道，如果没有朱江洪就不可能有董明珠。朱江洪将所有的采访和上电视的机会都留给了董明珠，他成就了董明珠。这就是为而不争的领导者。

我对领导力之"导"的解读如下：成为下属值得信赖的"导师"，即要有"编导"的能力——要为组织设计一个好剧本，并把它演出来，实景演出，现场直播。同时，要身先士卒做"先导"，遇到问题要先"引导"后"指导"，这样才能充分发挥下属的潜能。但人都有懒惰和懈怠的一面，所以明里暗里都要做好"督导"的工作。

承上文所说的纲领，唯有心有纲领的人才能成为员工和孩子的导师。我的书房里写了四行小字："物尽其用，事顺其势，若无执念，此心静安。"我家客厅的走道里还挂了一副超大尺寸的书法"心安"。我常借此自我反省，引导孩子。我的办公室挂了"传不习乎"的书法来提醒我和同事：身为老师，传授给别人的东西是自己实践过的吗？

所谓编导能力其实是考验领导者的顶层商业逻辑以及如何去践行实施这些商业逻辑，企业的发展蓝图就像电影的剧本，电影的编剧需要拿着剧本去找投资、找导演、找演员，企业领导者要拿着企业剧本去找资金、找人才、找客户。

对于大多数创业型中小微企业来说，领导者在一定程度上还要身先士卒，冲在一线给员工做先导。同时，身为领导者一定要明白一个道理，引导胜于指导，引导会让员工觉得答案是自己得出来的，从心理学的角度来说，每个人都愿意听从自己内心的呼声，而指导则给员工一种灌输的感觉。比方说，办公室有一个香蕉皮，领导者当着员工的面将香蕉皮捡起来放进垃圾桶，比责骂员工或指导员工该怎么维护公司环境之类的说辞要好很多。

我对领导力之"力"的解读如下："力行"近乎仁——有仁德之心的人才配做领导者。仁者必有勇——发乎仁心的"勇力"能战胜一切困难与挑战。好学近乎知——驾驭事业的"智力"。这样的领导者才具备强立而不反的"定力"和吃苦耐劳的"毅力"，才真正称得上"魅力"领袖。

子曰："好学近乎知，力行近乎仁，知耻近乎勇。知斯三者，则知所以修身；知所以修身，则知所以治人；知所以治人，则知所以治天下国家矣。"如此才能成为治理天下的领导者。《礼记·学记》中说："九年知类通达，强立而不反，谓之大成。"曾国藩在信中常对兄弟和孩子们强调"耐苦耐冷"，这些都是领导者的定力与毅力。谈到"力"，我想到了毛主席在24岁时所写的《心之力》，读完之后感慨万千，这才是领导者的生命气象。我摘抄开头和结尾部分，供想做领导者的读者朋友去感受——感受毛泽东年轻时身上就已呈现出的辽阔气象。

宇宙即我心，我心即宇宙。细微至发梢，宏大至天地。世界、宇宙乃至万物皆为思维心力所驱使。

博古观今，尤知人类之所以为世间万物之灵长，实为天地间心力最致力于进化者也。

夫中华悠悠古国，人文始祖，之所以为万国文明正义道德之创立者，实为尘世诸国中最致力于人类与天地万物间精神相互养塑者也。盖神州中华，之所以为地球文明之发祥渊源，实为诸人种之最致力于人与社会与天地间公德、良知依存共和之道者也。古中华历代先贤道法自然，文武兼备，运筹天下，何等的挥洒自如，何等的英杰伟伦。

……

故当世青年之责任，在承前启后继古圣百家之所长，开放胸怀融东西文明之精粹，精研奇巧技器胜列强之产业，与时俱进应当世时局之变幻，解放思想创一代精神之文明。破教派之桎梏，汇科学之精华，树强国之楷模，布真理与天下。今正本清源，愿与志同道合、追求济世、救世真理者携手共进，发此弘愿，世世不辍，贡献身心，护持正义道德。

故吾辈任重而道远，若能立此大心，聚爱成行，则此荧荧之光必点通天之亮，星星之火必成燎原之势，翻天覆地，扭转乾坤。戒海内贪腐之国贼，惩海外汉奸之子嗣；养万民经济之财富，兴大国工业之格局；开仁武世界之先河，灭魔盗国际之基石；创中华新纪之强国，造国民千秋之福祉；兴神州万代之盛世，开全球永久之太平！也未为不可。

第三节　漫谈领导力

我曾给一些企业的中高层领导干部讲过《修身领导力》课程，我将课程中的部分观点分享出来，作为本节内容。这些文字都是高度凝练，有些还是有韵律的段子，限于篇幅，我就不展开了。

真正有领导力的人，都是先领导自己再领导别人，领导自己就是搞定自己，就是摆平自己，摆平了自己才能摆平别人，正所谓攘外必先安内。领导自己就是战胜自己，领导别人就是服务别人。领导自己用刚毅的力量，领导别人用柔和的力量。

真正有领导力的人，都能做到功归大家过归己，而且是发自真心地认为功劳是大家的，过错是自己的，而不是为了照顾追随者的感受和情绪故作虚伪一说。

真正有领导力的人都懂得将人和事分开，并且能做到多谈事少谈人。想谈事时要实事求是，想谈人时要管住嘴巴。相反，缺乏领导力的人往往很情绪化，其语言和表情容易给人造成人身攻击，所以能客观而不带情绪地描述事实是很难的。

真正有领导力的人都能透过现象谈本质。有智慧的人时时刻刻都在探寻人、事、物的本质，而缺乏智慧的人一辈子都在表层打转。司马迁说"天下熙熙皆为利来，天下攘攘皆为利往"，道出了世俗世界人与人交往的本质；"打土豪分田地"道出了革命的本质；"白猫黑猫抓住老鼠就是好猫"道出了发展的本质；

"绿水青山就是金山银山"道出了再发展的本质；佛家说"明心见性"，道出了修行的本质；孔子说"夫人不言，言必有中"，讲的也是透过现象谈本质的能力。本质与现象揭示了事物内部联系和外部表现的相互关系。本质决定了事物的性质和发展趋向，现象则是事物的外部联系，是本质在各方面的外部表现，任何事物都有本质和现象两个方面。

真正有领导力的人都能透过现在看未来。从时间的层面来说，有些人的思维模式只能看到眼前，而有些人却看到未来。小商小贩往往看当天的收益，基层员工往往看当月的收益，中层干部往往看一年的收益，高层干部往往看三五年的收益，老板往往看十年八年的收益。一流的企业之所以是一流，就是因为他们看到了未来。腾讯公司看到了未来的社交在手机端，于是在QQ还如日中天时，自废武功，开发了微信，这就是看未来。抖音公司看到了视频的传播能力比图文更好，于是专注于短视频研究。华为公司很早就注重研发，成了让国人甚至是世界敬仰的企业。而联想公司总想着买买买，买品牌、买技术、买市场，所以最多只是个二流的企业。

真正有领导力的人都会专注，都会做减法，都会求助，都会合作。杰克·韦尔奇的数一所二战略说的就是专注和减法：通用公司的某个业务若不能在行业里成为第一名或第二名，就要被卖掉，这是何等的气魄！现在很多企业都采用外包的形式轻装上阵，将非核心业务外包给外面的机构。那何为企业的核心呢？在很多企业家的认知里，企业的核心只有一个，那就是人——员工和客户。员工的全部工作都是为研发和品牌服务，也就是但凡不能直接为研发和品牌增值的员工都可以外包掉。所以，市面上就出现了很多人力资源外包、财务外包、生产外包的机构。当然极简思维只是一种声音，也有很多成功的大企业在倡导全产业链思维，并利用全产业链作为其竞争优势。

真正有领导力的人都能激发员工的生命潜能，让人人都能成为自己的领导者，即增强员工的主人翁意识，激发员工我为人人、人人为我的意识。要做到这一点，从领导者个人修为与人格魅力层面来说，就是要做到：己所不欲，勿施于人；行有不得，反求诸己；与人为善，与人为便；多做实事，少说空话；亲切热情，率先垂范；赞美鼓励，善于演讲；从善如流，闻过则喜，不断改进。

真正有领导力的人都是懂得分享的人，能给老兄弟分饼忆过去，能给新兄弟画饼讲未来。他们总能给团队一种自强不息的活力与能量感，厚德载物的人品与安全感，高瞻远瞩的视野与方向感，甚至不像老板而像老师的感觉，传人生之道，授工作之业，解生活之惑。我去阿里巴巴太极禅院上过几次课，服务人员都称呼马云为马老师而不是马总。缺乏领导力的领导者不像老师也不像老板，有些像老大——气大、话大、声音大，员工也称其为老大，"老大"也很享受这样的称呼。

另外，我还从以下四个维度对领导者做了些总结：

维度一：一流的领导出人，二流的领导出彩，三流的领导出错。

维度二：明星型领导让人激动，朴实型领导让人感动，完美型领导让人劳动。

维度三：力量型领导让人口服，才华型领导让人折服，厚德型领导让人心服。

维度四：命令指挥型的领导是帝王境界，导师人格型的领导是孔子境界，精神无为型的领导是老子境界。

第四节　领导与管理

很多人将领导和管理混为一谈，事实上，这二者之间的联系与区别还是颇为微妙的。领导者更多的是靠个人魅力——感性的个人魅力，其人身上有一种内在的威严让人折服，发自内心的折服；而管理更多的是靠组织系统——理性的组织系统，甚至用 ERP 等信息化工具来展开工作，员工之所以听从管理者，是因为组织赋予了管理者相应的权力。

领导者更多关注的是创新和未来，且善用梦想去激励别人；而管理者的思维则以保守为主，比较关注现在，常用目标去控制别人。观当今天下，中国正在领导着世界，用"一带一路"的梦想惠及自己和世界，给自己信心也给其他国家信心；而美国正在管理世界，用其绝对的超级大国实力行霸权和强权，很多小国家对其敢怒而不敢言。这不是好现象，美国人自己也大声疾呼，"美国不要做世界的警察，而要去领导世界"。

从思维层面看，领导者更多的时候相信人性本善，要以善换善，而管理者则相信人性本恶，要加以控制。

管理的出发点是对事而言的，是为了让某件事变得更好而设计计划、行动或方案，管理能力是可以复制的。领导的出发点是对人而言的，且相信人会变得更好，领导能力是不能复制的。从这个角度来说，管理就像法律，让好人不知有之，让坏人痛不欲生，但好的管理应该是铁面无私但有温情的。领导就像阳光，让好人风云化龙，开花结果；让坏人爱恨交加，爱领导的人格魅力，恨自己的不争气，所以好领导是威而不怒且被尊重的。在组织中，既需要管理也需要领导，完美的组织是80%的管理加20%的领导，而决定一个组织强大与否的往往就靠那20%的不可复制的领导力。

管理是有层级的，但太多的层级会降低企业的管理效率，且管理权限是不能越级的；而领导是无层级的，且领导魅力是能穿越层级的。比方说，任正非作为华为的最高领导者，他却无法也没时间管理华为的清洁工，但清洁工表面上虽然听从其主管的管理，但内心深处却被任正非的思想所领导。所以，领导是柔性的以德服人，管理是刚性的以力服人。优秀的公司一方面以感性的榜样领导并引发变革与创新，另一方面以理性的制度管理并固化标准与流程。

总体而言，初创的小企业靠柔性的领导力，发展到一定程度的中型企业要加强理性的管理能力。大企业往往会有大企业病，而大企业病恰恰是管理过度所导致的，所以又要回归领导力。杰克·韦尔奇说："别沉溺于管理，赶紧领导吧。"沃伦·本尼斯说："绝大多数组织都是管理过度而领导不足。"所以，组织起于领导力，又归于领导力。

第五节　领导者的四十个关键词

领导者是聚光灯下的明星，需要接受远近高低等视角的考量。要想成为明星，领导者需要有不同角度的认知与思维。我在讲授《修身领导力》课程时，与学生们分享过领导者的四十个关键词，希望读者朋友能从中有所受益。

领导者 & 引导：在物质上要引导员工赚"吃穿住用行"的利益，在责任上要引导员工扛"齐家干事业"的担当，在精神上要引导员工修"仁义礼智信"的品德。

领导者 & 爱心：有"心"才是"爱"，只有"真心"才能被员工感受到。有些领导者自认为对员工很好，而员工并不感动，工作也并不卖力，于是就认为"现在的员工不懂感恩，人情冷漠"。请反思：我对员工的"爱"带"心"了吗？有对孩子的"爱"的一半多吗？

领导者 & 哭笑：优秀的领导者要能做到"多笑少怒还能哭"，笑是内心自信的表现，笑像磁铁一样能团结人；怒是内心无助的表现，威不足则多怒；哭是真情的流露，"英雄有泪不轻弹，只因未到感动时"。

领导者 & 心念："起心动念都是爱，言行举止都利他"，永远相信"功不唐捐的人间真道"，利他和付出未必能马上得到回报，但一定会得到回报。

领导者 & 动静：好领导"能静能动还能骚"，"静"是每遇大事有静气的静，也是静水深流的静，领导者每月要有一天闭门思过的时间，静下来想想家人、员工和那些帮助过自己的人，常念其恩好。"动"既是走到群众中和群众打成一片的动，也是运动的动，爱运动的领导有活力。"骚"能证明内心有活力，可以如马云般的风骚也可以如任正非般的闷骚；若没有一股骚劲，又怎能领导扑面而来的90后、00后骚年（少年）们呢？

领导者 & 多少：好领导要"能多能少还能无"。"多"不是"拥有的多"，而是"创造的多"，所以"能多"证明领导者"能力强"。"少"是"少拿"的少，是李嘉诚所谓的"七分合理，八分可以，只拿六分"的少，所以"能少"证明领导者"格局大"。"无"不是"一无所有"的无，而是"一无所有却又无所不有"的无，是范蠡千金散尽的无，所以"能无"证明领导者"境界高"。

领导者 & 德才："人"是一撇一捺相互支撑而立于天地间的精灵，撇为德，捺为才。德才兼备者是"人物"，重用之；有德无才者有"人缘"，善用之；有才无德者是"人精"，慎用之；无德无才者是"人渣"，远离之。

领导者 & 德财：领导者要带领员工"共同致富"，也要带领员工"共同致德"。如果只是让员工的"钱包鼓起来"而没有让其"心灵亮起来"，那么鼓鼓的钱包只会增加其吃喝嫖赌的凭借和骄奢淫逸的资本。

领导者 & 民主：太过民主的决策环境在中国是不存在的，西方的民主思维已让中国的小孩变得没大没小。棍棒偶尔也是可以使用的。中国式领导力 =80% 的民主 +20% 的专制 =80% 的商量 +20% 的强势。

领导者 & 知行：好的领导者"要知要行更要讲"，"要知要行"就是"知行合一"，"要讲"就是"行我所讲，讲我所行"，如此才能获得员工的信任，才能让员工心悦诚服地追随。

领导者 & 上下：修炼卓越的领导力只能从修身开始。从形而上里说，就是修正自己的心、念、欲、情、私；从形而下里说，就是修掉身上的肥肉，修正乱看的眼睛、乱听的耳朵、乱说的嘴巴和乱动的手脚。

领导者 & 时代：制度领导已无优势，因为在信息时代，任何先进的制度和流程都能花钱买到。经验领导已力不从心了，因为在速度时代，昨天的经验已不适应今天，何谈明天？所以，人格领导的时代已彻底来临。

领导者 & 转型：在大环境的升级转型期，领导者也要带着员工们升级转型。产品服务要升级转型，房子车子要升级转型，生活生命要升级转型。迈着中华民族伟大复兴的步伐，带着员工们走上更有尊严的人生之路，这就是新时代的领导力。

领导者 & 六立：少年立志，青年立学，盛年立功，中年立德，晚年立言。

领导者 & 全球：信息化和市场化推动了全球化，领导者一不小心就领导着来自全国各地乃至全球各地的员工和客户。这些来自天南海北的人有着各种各样的人生诉求与风俗习惯，但世界上任何地区的人都有相同的诉求——被尊重、被公平对待、被爱，领导者只要能抓住这些人性的底层代码和程序，就能以不变应万变。

领导者 & 境界：既要能干出儒家智仁勇的人生事业，又要能活出道家清静虚的生命境界。

领导者 & 变革：今天的时代，三年一小变，五年一大变，十年一巨变，所以领导者要勇于变革，左手革右手，今天革昨天。但所有变革背后的起心动念都是让员工和客户因为变革而变得更好，否则再好的变革也是无本之木、无源之水。

领导者 & 坚持：成功的领导者都曾在极度的黑暗、困难和苦恼中调整心态，寻找办法，成功蜕变，而普通人却习惯于寻找借口、拖延、妥协、沉沦、放弃。

领导者 & 创造：人通过生生不息的生产创造了现在的一切，所以创造是人活着的意义，领导者有责任为员工创造、为客户创造、为社会创造。衡量领导者的价值就看其创造力。

领导者 & 洗脑：朋友圈里的很多鸡汤和段子都是站在老板的立场去给员工洗脑，这很不好，实践证明也没用。智慧的领导者会用给员工洗脑的时间去关爱员工，用营销叫卖的精力去服务客户和技术研发。

领导者 & 情绪：多变和压抑自己的情绪都不好，所以要学会把"夏之酷热、秋之凋敝和冬之寒冷"的情绪用"春之温暖"的方式表达出来。有智慧的领导其情绪是淡淡的喜、温和的怒，"哀而不伤，乐而不淫"。

领导者 & 孤独：侠客们喜欢孤独，但领导者却不是独行的侠客，而是领航的头雁，所以领导者需要同行者，同行者也需要领导者。这样的一群人一条心才能飞得更远，否则不是被远方打败，就是被孤独击垮。

领导者 & 问题：员工的责任越大，成本越高，付出就越多。

怎样给员工责任及相应的回报，是领导者自身要思考的问题。如何增加员工的偷懒成本、犯错成本和跳槽成本，是领导者推动管理者去思考的问题。

领导者＆金钱：小领导今天赚钱今天数，属于商贩级别，钱是自家的；中领导今年赚钱今年数，属于老板级别，钱是公司的；大领导只管赚钱不管数，属于企业家级别，钱是社会的。

领导者＆人事：做人有善心，做事有原则。有善心者，人恒爱之；有原则者，事业能成。

领导者＆故事：卖产品不如卖公司，卖公司不如卖老板。卖老板就是展示老板的人格魅力，所以大老板都有独具人格魅力的故事。没有故事的领导者是苍白的，也是不合格的，有人格魅力的领导者都有三天三夜也说不完的故事。故事的中心思想都是"爱"：爱员工、爱客户、爱社会、爱祖国，这些故事也是领导者留给世界的最大财富。

领导者＆分争：愚蠢的领导和员工争钱，生怕员工拿多了；智慧的领导和员工分钱，生怕员工分少了。争钱的领导者得到了一大块小饼，分钱的领导者得到了一小块大饼。

领导者＆三业：专业、事业、善业。专业是事业的关键，事业是善业的保障，善业是事业的升华，所以有智慧的领导者都懂得以专业推动事业，用事业供养善业，用善业升华事业，终得人生的升华和生命的绽放。

领导者＆气象：真正的领导者都有"洒脱的胸怀，浩然的正气"，也有"日日新的勇猛，又日新的精进"，还有"先忧后乐的情怀，匹夫有责的担当"。

领导者 & 情义："情"是"人情"的情，"义"是"大义"的义。智慧的领导者都"有情有义"，当人情和大义不可兼得时，小聪明的领导会选择人情，大智慧的领导会选择大义。

领导者 & 人品：日久见人心，患难见真情；越是在困难时刻，越考验领导者的人品和人格魅力，也正是在这样的时刻，淘汰或飞跃出一批良知企业。

领导者 & 视野：今日之中国，投机、胆大和粗放的成功模式已不复存在，无限细分的扁平化市场正推动着以"专业技术、良心服务和匠人精神"为导向的中小企业走向成功。

领导者 & 偶像：领导者要有学习的偶像——学毛泽东的运筹帷幄，学刘邦的知人善任，学项羽的勇冠三军，学刘备的忍气吞声，学诸葛亮的鞠躬尽瘁。

领导者 & 天地：领导者要"能天上揽月，能天下无敌；敬天道之昭昭，畏天网之恢恢。用人天道无亲，做事人间有情"。领导者还要"能睡地板，能走地毯；能摆地摊，能圈地盘；讲话接地气，思想有高地"。

领导者 & 正人：修习"正知正念中正心"，传递"正言正行正能量"，收获"正气正道和正果"。要有"世上无难事，只怕有心人"的决心，要有"只可人负我，不可我负人"的气度，还要有"人生自古谁无死，留取丹心照汗青"的境界。

领导者 & 责任：时刻不忘肩上的责任——对自己的责任：成己；对员工的责任：达人；对家庭的责任：和顺；对朋友的责任：诚信；对社会的责任：创造。

领导者 & 胜败：人最难的是不能自胜，最可怕的是不要自胜，最可悲的是想着胜人。只有失败的人，不是失败的人，但也不是成功的人。没有失败的人，是吹牛的人，才是失败的人。屡战屡败又屡败屡战的人既不是失败的人，也不是成功的人，是修道的人。

领导者＆得失：有些人只能想到当下的得失，有些人能想到一年的得失，有些人能想到一生的得失，有些人却能想到更长远，这就是有智慧的宏阔的生命。

领导者＆慈善：遇到善事一鼓作气，全力去做，不找借口。力量大的时候多做，力量小的时候少做，但不可不做。如果长期不做，心就麻木不仁了。

领导者＆不负：不负家庭的爱，不负员工的情，不负客户的信，不负社会的恩，不负少年的志，不负青年的学，不负盛年的得，不负中年的品，不负晚年的忆，不负生而为人的人——成人不易！成人不易！

第六节 从 0 到 1 的领导力修炼之道

万丈高楼平地起，对于大多数创业型领导者或者从基层起步的员工走向领导岗位的人来说，都是从 0 到 1 的。要做到从 0 到 1 的突破，至少要有三个转变：做事，做人，做梦。

做事：要想成为领导者，就要踏踏实实地做事，而不是投机取巧地经营人脉及和更高层领导搞好关系。做事，做好事，做出有结果的事是硬道理，这是通往领导者皇冠的第一个台阶。

211

我讲两个著名的案例，是关于两个商界巾帼英雄的案例，一个是吴士宏女士，一个是董明珠女士。

吴士宏于1964年出生于北京，初中学历，当过护士，后自学英语，进入IBM。在入职IBM的时候，有个令人感动的笑话——面试官问："你会打字吗？"吴士宏说："会！"其实她根本不会，连打字机都没碰过。面试官又问："你一分钟能打多少字？"吴士宏反问："你要求多少字？"面试官说了一个标准，吴士宏自信地说道："我可以！"接下来就是等待复试，并在复试时要加打字测试。从未摸过打字机的吴士宏在面试结束后飞也似地跑回去向亲友借了170元买了一台打字机，开始没日没夜地敲打键盘，打了一星期，双手疲乏得连筷子都拿不起来，最后她竟奇迹般地敲出了专业打字员的水平。幸运之神眷顾了吴士宏，她成了IBM公司一名最基层的员工，打扫卫生，端茶倒水。她出色地完成了公司交代的每件事情，12年后，她成了IBM公司的"南天王"。后于1998年应邀加入微软，成为微软中国公司总经理。

另一位是董明珠女士，我相信知道的人就更多了。她于1954年出生于南京，1990年来到珠海，加入格力公司，从最基层的销售人员做起。两年后，董明珠在安徽的销售额突破1 600万元，占整个公司业绩的1/8。随后，她被调往几乎没有一丝市场裂缝的南京，并成功签下了一张200万元的空调单子。一年内，她的个人销售额上蹿至3 650万元。她几乎完成了公司交给她的每一个挑战，迅速成长，并最终成为格力公司的领航人，成为中国经济年度人物，成为中国企业史上的一大传奇。

很多人会说，我的能力暂时还不够，等能力起来了，事情自然能做好。事实上，很多能力都是在边做事的过程中边培养起来的，而不是等你在商学院或培训课堂上学会了洞察能力、决策能力、规划能力、执行能力、问题解决能力、整合资源能力、创新能力、用人能力、激励能力、沟通能力、演讲能力和学习能力等能力后再把事情做好。中国现在很多呼风唤雨的企业领导人大多都不是从商学院毕业的，他们中有农民、有工人、有教师、有公务员，他们都是在做事的过程中学会了以上能力。吴士宏和董明珠就是这些非商学院毕业而成为优秀领导者的典型代表。因此，做事、做好事是成为领导者的第一关键。

做人：如果说做事能看出一个人的才华，那做人就能看出一个人的品德。这里的做人不是指做个八面玲珑的、巧言令色的、所谓的高情商的人，而是指无论在人品层面还是工作层面都做能给别人带去价值和影响的人。用杰克·韦尔奇的话说就是：做一个正直诚实的人，做一个富有商业才能和生意头脑的人，做一个以客户为中心的人，做一个具备同情心和领悟力的人，做一个拥抱变革的人，做一个以目标为导向奉行目标第一的人，做一个以使命感为工作目的人，做一个充满激情的人。

做人从本质上讲是做一个真正的人，即真人和正人。所谓真人是指内心光明的人。安徽古井集团有个十二字的标语写得很好，"做真人，酿美酒，善其身，济天下"，我认为写到点子上去了。至于做正人，正即孟子所说的浩然正气、文天祥所说的天地有正气，用今天的话来说就是做一个正知、正念的人。

做梦：领导者一定要有梦想，并将梦想清晰化，画面化，让员工有奔头。老子有自己梦想的乡村世界——"甘其食，美其服，安其居，乐其俗，邻国相望，鸡犬之声相闻，民至老死，不相往来"；孔子有自己梦想的大同世界——"老者安之，朋友信之，少者怀之"。

如果领导者能在做人做事方面都取得追随者的信任，接下来要做的事就是"做梦"，把梦想清晰地描绘出来，且要形成清晰可触碰的愿景和蓝图，并成为团队为之奋斗的使命，很多人未能成为成功的领导者，就是不会做梦。这些不会做梦的领导者往往以务实自居，并将务实作为不做梦的借口，而且他们往往认为做梦画饼的领导者是务虚的。事实上，做梦与务实并不矛盾，正如仰望星空并不妨碍脚踏实地。

做梦分为做物质之梦和精神之梦。很多企业也会给员工规划上市的梦想、股票的梦想、期权的梦想，这是物质层面的梦。有些组织则给成员规划精神的梦想，宗教在这方面做得最好。做梦从时间上看，比较高的境界是给成员规划一个长醉不醒的梦，日本有很多百年甚至几百年的企业就是为了延续这个梦，所以代代相传，延绵不断。马云比较务实，也规划了一个横跨三个世纪、历经 102 年的阿里巴巴的企业大梦。阿里巴巴在美国纽交所上市时曾传出一句流行金句——梦想还是要有的，万一实现了呢！一时间，这句话随着阿里巴巴成为全球市值最高的公司而传遍全球。

卓越的领导者一方面要让员工有饭可吃，另一方面要让员工有梦可做，吃饭解决的是物质层面的需求，做梦解决的是精神层面的需求。但遗憾的是，今天的大多数人都将欲望当梦想，都将企业上市和冲刺百亿、千亿市值作为梦想，或许这真的是梦想，但我认为多数情况之下是欲望。梦想是主观上利他，但客观上也对自己产生了回报；而欲望是主观上利己，在客观上对他人产生了价值。

很多做企业的学生对我说，他很要强，很有自尊心，曾经在年轻的时候被人鄙视过，被人看不起过，所以他立志要成功，要争口气，最后成功了。事实上，支持他前行的是要证明给别人看的私念——私念就是欲望——而非真正的梦想。梦想是由内而外的绽放，是履道而行，而非刻意行道，是"由仁义行"，而非刻意"行仁义"。梦想是生命自身成长的需要，是"但问耕耘，莫问收获"的一种生命状态。话虽这样说，但今人如果真以这样的标准为梦想，或许会成为孤家寡人，也很难找到同行者。所以春秋时期的鲁国容不下孔子，迫使他周游列国，但周游十多年后依然没遇到梦想同行人，最后回到家乡教书育人。即便是教书育人，在其三千门徒中，又有多少人能真正理解孔子的梦想呢？他又能带着多少人去做真正的周公之梦呢？说到这里，我们大概能理解，当颜回去世时他是那样的悲痛——"噫！天丧予！天丧予！"

如今无论是企业主还是为企业主工作的员工，抑或他们的孩子，大多数人都拿欲望当理想。你要问孩子们，你的理想是什么，他们要么说没有，要么说和吃喝玩乐有关的领域。我朋友的女儿要做模特，爷爷奶奶都是大学教授，根本接受不了自己的孙女进入混乱不堪的娱乐圈，但孩子就喜欢，为何？因为模特的职业能极大地满足人的虚荣。台湾和香港的娱乐文化很盛行，很多年轻一代的梦想都是做模特，做歌手，做演员，这或许是值得深思的社会现象。

我的一个学生董总是做茶产业的，有1 600多亩茶山。他说："安全是我的生命线，我的茶叶从基地到种植到加工都是安全的，全部用有机肥，用有机农药。"我请书法家给他写了两幅字，一幅叫"心安"，一幅叫"曲全"。心安源自《论语》的"于女安乎"，曲全源自《道德经》的"曲则全"，心"安"和曲"全"合在一起为"安全"。董总说："让老百姓喝上安全的茶就是我的梦想。但凡卖我茶叶的伙伴，我都送这两幅字给他，挂在茶叶店里，时刻不忘给客户提供安全的茶叶。"我想，如果董总真以"安全"为生命线，在种茶、加工茶、卖茶的过程中都能时刻不忘"心安"，并用"曲全"的智慧实现"心安"，最终抵达为老百姓提供"安全"好茶的这一梦想，那董总就可称为我心目中真正有梦想的人。

第七节　领导的艺术

领导力说到底就是一种让人"服"的魅力。有领导力的人往往都有宏大的旗帜，无论是"中国梦"的旗帜，还是"共同富裕"的旗帜，还是"为人民服务"的旗帜，还是"为解放全人类而奋斗"的旗帜，没有旗帜的领导者是无法凝聚人心的。正如崛起中的中国提出"人类命运共同体"的旗帜，重启新时代丝绸之路"一带一路"的旗帜，这都是中国在世界的领导艺术。

　　有领导艺术的人会尊重每个人，在沟通上往往会真心感谢下属甚至将"谢谢"挂在嘴边，这不仅仅是对别人的肯定，也是自己的修养。他们往往能将复杂的问题简单化，也能将简单的问题形象化。他们一般都先营造氛围再破题，也会给下属表达的机会，且认真聆听并给予反馈，沟通结束后还会采取行动。他们往往高调说事如泰山，却低调说己如溪水。而普通领导者比较喜欢自吹自擂，事实上，恰恰因为自己没有什么，所以才需要自吹自擂。

　　有领导艺术的人一般都有包容心。如果不是原则问题，他们都会宽容对方，甚至将"没关系"挂在嘴边。他们也能知错就改，甚至会将"不好意思"挂在嘴边。他们还能走到群众中去，常常说"我们一起干"。

　　有领导艺术的人都善于用人，总的原则是：用人所长，容人所短，赞人之高，讳人之矮。如刘邦所言，他运筹帷幄不如张良，带兵打仗不如韩信，后勤管理不如萧何，但他知道如何运用这三个人。用人要有"你办事我放心"的大气，也要有"去，盯着他"的谨慎。善用人者会授权，授权有戴红花配利剑的喜悦，也有无可奈何花落去的寥落，还有挥泪漫天斩马谡的哀伤。用人就是看人，看人就像看病——望、闻、问、切：远处观察他，近处打听他，当面询问他，切肤考验他。用人的关键在于激励，要左手拿大枣，右手拿大棒，嘴巴还要涂上蜂蜜。

　　激励要具备如下原则：被告知的刀山火海，超预期的身心感动，顺人性的尊严保护，合天性的公平公正。

　　有领导艺术的人往往懂得分钱和分权；也懂得和下属打成

217

一片，喝酒打牌；还懂得及时地庆祝和表彰，甚至是环游全球，让下属站得更高看得更远。他们往往用"五讲四美"来影响追随者——讲全局，讲原则，讲梦想，讲核心，讲结果；心美，眼美，嘴美，身美。

有领导艺术的人，也能理解并满足下属的"七情六欲"——被尊重的情感需求，被认同的情感需求，被公平对待的情感需求，言论自由的情感需求，生命成长的情感需求，陪伴孩子、孝顺父母的情感需求，情绪宣泄与呵护的需求；吃喝欲，住房欲，穿戴欲，行车欲，玩乐欲，男女欲。

真正有领导艺术的人都是光明的人，能做到"八面见光"——利润能见光，利税能见光，环保能见光，产品服务能见光，营销能见光，规章制度能见光，工作环境能见光，领导人品能见光。

最后，说两个让我印象深刻的领导力案例。卓越的领导者总能和追随者一起创造极致的人生体验。我的很多学生都在马拉松和徒步两项运动上与下属一起创造极致体验。

案例一、石家庄的魏总领导着一家做牛奶的知名企业，他本人也特别喜欢跑马拉松，他的公司定期组织中高层管理干部跑马拉松。

案例二、上海的李总领导着一家做家纺的上市公司，他甚至组织合作伙伴一起去沙漠徒步。

我们想象一下，一场历时几小时不停跑步的马拉松和一场持续三四天的徒步结束后，参与者一边是身心疲惫，一边是成就感爆棚。过程中的流汗流血甚至休克的极致体验，想放弃又想坚持的纠结，成员之间放弃前嫌相互鼓励的感动，都会让团队的凝聚力、战斗力和向心力全面提升。近年来，用跑马或徒步增加团队成员力量来显示领导力的案例越来越多。北京一位做酒的学生告诉我："公司每年都组织负重徒步，董事长带头，原则上，全体高管都要参与。负重徒步，增强了高管团队的凝聚力、耐力和战斗力。公司业绩稳步发展，核心团队非常稳定。十多年下来，只有一位高管离职，恰恰是负重徒步时放弃的那一位——也是公司组织徒步以来，唯一一位中途放弃的人。"

第三章 成就事业的九个核心品质
——九宫格

　　虽然这是一个技术创新层出不穷的时代，但我依然相信毛主席的教导——决定战争成败的是人而不是物。同理，决定商业成败的也是人而不是技术，因为技术也是人做出来的，这是颠簸不破的原则。

　　这些年我接触了诸多全国各地的一线中小企业创始人，他们的企业规模小的年产值几千万，中的几个亿，大的几十个亿，也有一些数百亿规模产值的企业创始人。他们大多数都是在当地做得不错的企业，80% 左右的人或是商会协会的副会长、会长，或是政协委员人大代表，或是劳动奖章获得者等。由于身兼这些社会职务与荣耀，他们需要参政议政，需要在公共场合演讲、发言或接受采访，他们从全国各地赶到杭州跟我学习演讲。我聆听过很多他们的故事，每次都会让我感动，让我备受激励，甚至改变了我的人生价值观和格局。

　　他们成功的秘诀到底是什么？难道真的只是他们创业时的市场红利和机会多吗？那为何他们儿时的同伴就无法成功呢？他们中的很多人并未上过大学，但这个看似缺点的缺点似乎并未对他们的事业产生影响。我将这十年来切身交往过的近千位老板或企业家的成功特质总结为九个方面，并写入九宫格。

勤奋	诚信	感恩
大气	利他	坚持
专业	执行	学习

第一节 勤奋

我曾在一档访谈台湾首富王永庆的电视节目中看到这样一幅画面，主持人问时年 81 岁的王永庆老爷子："你是怎样获得成功的？"王永庆欲言又止，画面停顿了数秒，最后说出两个字——"勤奋"。主持人问："还有别的吗？"不善言谈的王永庆说："没有别的了，我们中国人自古就很勤奋。"我不认为王老先生是口才不好而说不出别的"成功秘诀"，我认为王老先生说的"勤奋"是他 80 多年披星戴月、栉风沐雨而得出的微言大义的两个字，是黑格尔所谓的"熟知非真知"的两个字。

很多歌曲都用"勤劳勇敢的中国人"来赞颂我们的同胞，确实，中国人是世界上最勤奋的人之一。这些年我几乎跑过中国的每个城市，我觉得潮汕人和温州人是最勤奋的。大约 2010

年，我从深圳坐大巴到汕头，预计晚上一点多到汕头汽车站。出发前我还担忧凌晨一点多会不会没有出租车了，到达时我却发现凌晨一两点的汕头灯火通明，人们在吃饭喝茶打电话聊生意，仿佛是内地的八九点。后来我才知道，很多潮汕人都工作到晚上九点才下班，而且这是常态，十一点下班也不足为奇。所以，一个地方富有，大多与那个地方的人勤奋有关。

有人羡慕大企业的高管拿着几十万上百万的年薪，但他们的工作时间也是常人无法想象的。我给三一重工的员工上课，他们人力资源的同事告诉我，他们基本上都是九点后才下班。我很惊诧——人力资源岗位怎么还要这么长的加班时间？后来，我给万科上课，我把这个案例讲出来，没想到万科的同事们不以为然地笑了——这太小儿科了，我们基本都在十点以后下班。以上两个案例，一个是地域因勤奋而富有，一个是大企业因勤奋而成功，而很多中小企业更是"成功无他法，一生勤为本"。

一位 63 岁的杭州学生陈总对我说："我一年只休息两三天，大年三十、正月初一、正月初二这几天过年，其他时间都待在工厂。"听着这样的案例我已经不惊讶了，因为我经常听说，像陈总这一代的创业者们，大多以厂为家，正是这样的勤奋，才让一个无资源、无技术、无经验的人在商业上获得成功。山东烟台的一位学生吴总告诉我，她连续十三年吃住在厂里。北京的一位学生杨总告诉我，创业 17 年，他基本都是 9 点以后到家。我听过很多这样的故事，我默然无语，深深感动。

事实上，陈总、吴总、杨总只是在改革开放中崛起的中国老板和企业家中的代表，他们的成功绝非偶然。"勤奋"不但是他们成功的法宝，也是数千年来中国人一以贯之的"天行健，君子以自强不息"的精神。正是这样的精神，我们中国人才能抓住欧美、日本产业转移的机会而成为世界工厂、世界制造，甚至是世界智造。如今虽然中国内面临着转型，外面临着美国的全方位围追堵截，但我相信，中国人凭着身上那种天行健的勤奋和勇敢，一定能走出一片美好的天地，照耀世界。

勤奋是个很普通的词，人人都会讲，但如果不和别人去比较，我们甚至坐井观天地认为自己已经很勤奋了。浙江湖州的一个学生朱总，她在深圳创业，以10万元起家，现在公司年产值已在百亿左右。朱总有时一天要飞四个城市，早晨五六点飞第一个城市，中午十一二点飞第二个城市，下午四五点飞第三个城市，晚上十一二点飞第四个城市。很多时候，工作就在机场谈，睡觉就在飞机上。每次和朱总聊起工作，我都有一种深深的敬意和心疼。我知道我无法用文字传递学生们留给我的画面和感觉，在至简的大道面前，语言是苍白的。

当然，尽管我在这里用了很多文字热烈讴歌勤奋，但在勤奋工作的时候，要如何更好地保证身体的健康和家庭的和谐，更是我要倡导的。勤奋是成功的基本面，人们常说"方向不对，努力白费"，事实上，方向不对，越努力离既定的成功就越远。但是我们依然要强调，就算方向不对（因为对与不对总是相对的，对与不对总与天时、地利、人和息息相关，正所谓甲之蜜糖乙之砒霜）也要努力，或许会出现"有意栽花花不发，无意插柳柳成荫"的天成之作。

朋友们，无论任何时代，勤奋都是成功的基本要素和核心要素，古往今来，概莫能外——周恩来总理每天只睡四个小时，钢琴家郎朗每天六点就开始练琴，清华和哈佛大学经常灯火通明，还有篮球巨人科比那句——"你知道洛杉矶凌晨四点钟是什么样子吗？"

是的！那些天分比我们普通人高三倍的人，其高效的勤奋程度比我们也要高三倍，这或许就是成功与普通的重要分野。

朋友们，无论技术如何创新，无论时代如何变化，请相信勤奋都是成功的底层代码。

第二节　诚信

如勤奋一样，诚信也是一个朴实无华的品质。按道理说这是做人的根本，但事实上人们在面对名、利、情诱惑的时候却很难做到诚信。谈到诚信，我想到了商鞅徙木立信的智慧，也想到了曾子杀猪的可爱，还想到了周幽王烽火戏诸侯的愚蠢。

诚信是企业的立足之本。红极一时的企业家史玉柱和他的巨人大厦轰然倒塌，欠下了2亿多元的债务。但他没有跑路，也没有跳楼，而是对外界宣称他要赚钱还债。他重新创业，东山再起，还清了债务。正是这样有诚信的商业案例和企业家精神，才激励着后来的企业家，让中国的商业环境越来越好，越来越多的企业家都视诚信为立足之本。

诚信也是国家的立国之本。美国作为世界上唯一的超级大国，却是一个喜欢玩弄谈判技术的国家，甚至为了达到谈判目的而不惜牺牲国家信用。长期来看，这是得不偿失的。请相信，这个世界上有一种看不见的力量主宰着世界的运行，这份力量就是诚，正所谓"诚者天之道"，顺诚者生，逆诚者亡，这是天道使然，不以任何人和国家的意志为转移。

以我的品牌课程《舌行天下》为例，来说说诚信的价值。虽然现在五天三晚的学费高达八九万，但在七八年前刚起步的时候也才万元左右。是什么让我们能一路走到今天？我觉得除了课程品质好、服务到位之外，诚信是一个重要原因。课程运营团队创始人许总是个只讲诚信不计成本的人。有时候听课的学员只有六七个，其中老学员还占了一半左右，但许总依然坚持亏本开课。这在教育培训界是很难得的，正是这样诚信至上的精神才让《舌行天下》课程获得了学员的信任，也才有了今天在政商演讲领域的领军地位。在这样诚信的课堂上，我也遇到了很多视诚信为生命的企业家学生。在此，我写两个学生的故事，希望对有缘的读者产生影响。

青岛的一位学生陈总告诉我，他从工作到创业到现在，至少向人借过一两百次钱，少则两三万，多则两三百万。创业的时候，资金更是捉襟见肘，他平均每个月都要借一两次钱，最多的时候向同一个朋友借了二十多次。我问他为什么别人愿意借呢？他说我从来都是提前或按时还钱。很多人都知道"好借好还，再借不难"的道理，而陈总是真正做到了。

嘉兴一位学生许总给我讲了一个很搞笑的故事，笑完后，我陷入了沉思。正是这种视诚信比生命都可贵的精神，才让小学都没有毕业的他能运作数亿元的商业盘面。在1996年，他和几个客户喝酒，喝完酒他开车送客户去唱歌（那个年代不查酒驾），把客户安顿好后，他说："你们先唱歌，我出去办个事儿，很快就回来。"那天下大雨，他想快点回来陪客户唱歌，再加上喝酒了，车开到河里去了。幸亏当时的车窗是手动的，他摇开车窗爬出来，游上岸，死里逃生。令人发笑的是，他一未报案做保险认定，二未去医院，而是先跑到朋友们唱歌的地方，告诉朋友们："兄弟们，我出车祸了，来打个招呼，不能陪你们唱歌了，现在去医院缝针……"

在我的学生中，我甚至听到很多由于企业间相互担保而导致独自背负几千万、几亿债务却坚守诚信的故事，他们一夜白头，夜夜失眠，但正是这种打掉牙往肚里吞的诚信精神，让这些只有小学、初中学历的企业家们全身散发着智慧的光芒。

第三节　感恩

稻盛和夫先生说，活着就要感恩，或许是由于大病不死的体悟，抑或是稻盛和夫先生体悟到佛家所说的"成人不易"，所以他悟出了有见地的——"活着就要感恩"。稻盛和夫先生的这句话与我心有戚戚焉，我经常莫名其妙地感恩于天地，感动于山水，甚至一片树叶。我常想，为什么有些人不快乐呢？或许就是因为他们不懂得感恩吧。

如果我说知足才会感恩，或许有人说我不思进取，但一个不知足的人确实很难理解感恩的价值。从另外一个角度来说，感是感动，恩是恩惠。虽然时过境迁，但山河大地无时无刻不在给予人类恩惠，也就是说恩惠依然每时每刻都在发生，只是人们已不再为之感动罢了。或者说，人们感动的按钮很难被开启，这就是现代人不懂感恩的原因，也是不幸福的原因。我在拙作《智慧父母》里描写了感恩的三个层次，有兴趣的读者可以去看看自己处于哪个层次。

义乌的一个学生方总是个特别懂得感恩的人，任何事情他都归功于别人，都感恩于别人，每次谈到事业的时候，她总是说这是她先生和大家的功劳，语气诚恳，让我感动。她与丈夫在 1990 年共同创建了一个只有 20 个床位 16 名医务工作人员的小医院，时至今日，医院发展到床位一千多张、医务工作人员 1 500 多人的大中型医院。在 1992 年他们医院与浙江省肿瘤医院开展全面肿瘤普查时，方总和丈夫将一户人家接到医院给予全面的免费健康体检。为什么呢？因为这家男主人在 1963 年是当地人民公社负责食堂打饭工作的，某一次吃饭时，他给一个饿得快晕倒的小男孩多打了一勺羹，这个小男孩就是方总的丈夫。一勺之羹，涌泉相报，方总的丈夫一直将一勺羹的恩情铭记在心。为了感恩这个多给自己一勺羹的好人，方总和丈夫特意请他全家来做全面的健康体检。我在写这段故事时，常有流泪的感动，一方面感慨饥饿年代的艰难，一方面感动身边真实版的"漂母之恩"。

今天的商学院很少强调"感恩"这类老掉牙的品质，而是过分强调创新能力、营销能力、服务技巧等。我完全同意这方面的知识和技能，也充分肯定这些对企业发展的决定性价值。

但请不要忘记，所有这些能力都需要人去执行，而人与人之间是有温度的，是有情感的，感恩的品质恰恰能建立人与人之间的情感。我想继续写方总和她先生的故事……

1996 年，他们的医院再次扩建。到年底了，夫妻二人带着借来的钱准备给工人发工资，路上突然冲出几个抢劫的小伙子，他们将汽车拦下，拿着棍棒和砍刀准备扑过来抢劫。就在这千钧一发的时刻，方总的丈夫浩然正气地对几个毛头小伙说："做人要走正道，我是某某医院的院长。"一个小毛贼听到某某医院时，立刻下跪拦住同伴说："等一下……我错了，我们不能抢他们的钱，他们是好人，他们经常救人，还救过我的父亲。"抢劫这件事就这么过去了，夫妻二人得知小伙子们家里都很穷，没钱过年，于是就给了他们每人几百块钱，并叮嘱他们以后要堂堂正正做人。这几个小伙子拿了钱回家去了，后来都改邪归正做生意了，日后还将钱还了方总，这是爱的传递，也是感恩的力量。

再和读者朋友分享三个让我感动的有关感恩的案例。

案例一：北京的一位学生林总对我说，1990 年他给老板开车，说是开车，其实啥事都干，也给老板带去了很大的利益。1992 年离开公司时，老板给了他 10 万元，虽说这也是他应得的报酬，但 10 万元在当时也是一笔大数字，算是他的第一桶金。他就用这 10 万元创业，到 1994 年，他的资产（现金、应收款和库存）就有了 60 万元左右。就在这时，曾给过他 10 万元的老板做生意亏了很多，急需用钱。林总得知后，马上东拼西凑，借给了老板 50 万元，烈火见真情，这就是感恩。就是这样的感恩精神，也就是这样的傻人才有傻福，后来林总的生意越来越好。

在 1999 年，他已是亿万富翁了，虽说那是一个到处充满商机的时代，但商机总青睐于有感恩精神的人。

案例二：香港的一位学生段女士从重庆到深圳再定居到香港，并在香港一家保险公司从事保险销售工作。只有高中学历的她一不会英语，二不会粤语，人生地不熟，在这样的背景下开展保险业务，其难度之大可想而知。段女士告诉我，皇天不负有心人，终于有一位客户购买了她的保险，虽然只有几千港币，但对她来说却是保险业务里的第一笔单。这笔保单对她有着很大的激励和鼓舞，从此她对这位顾客一直感恩在心。过了好几年，段女士凭着勤奋和服务在香港已经站稳脚跟。有一次，段女士和这位顾客聊天时，发现她出现了经济危机，段女士主动要借 30 万港币给她。这或许是一个也能发生在很多懂感恩的人身上的故事，但我听到后依然很受触动，让我更加相信感恩的人品能助人在任何时间任何社会取得成功。我很感慨，就是这样一位懂感恩的女子，在香港这个竞争激烈的寸土寸金的国际化都市立足成家，买房买车，还领导着几十号人的团队穿梭在香港和祖国大陆做保险业务，她的下属不乏来自香港大学、香港中文大学和世界名校的高材生。段女士何德何能，或许感恩的人品就是她的德，感恩的行为就是她的能。

案例三：很多人抱怨这个社会很现实，人走茶凉，但并不是每个人都这样，懂感恩的人会保持长期的情感。一位上海的学生余总对我说："我从 1992 年开始闯荡上海滩，今天能取得一些成绩都是靠客户和朋友们的帮忙，我一直感恩在心。从 2014 年开始，我决定每年组织一次已退休的客户和朋友去国外玩一圈，大概半个多月时间，让他们带上家人，大家走走停停，叙叙旧事，聊聊人生。最多的一次，我带了9对老夫妻到国外旅行，很多人还以为我是开老年旅行社的。"事实上，虽然这些老人已经不能直接在事业上给予余总帮助了，但他们一直说余总是个好人，是个懂得感恩的人。余总的名声被他们传得很远，在客观上，余总得到了更多的机会，事业也越做越大。这就是感恩的力量，主观为了感恩别人，客观也回报了自己。

第四节　大气

大是大方，气是气派，大方又气派就是大气，中国人特别重视这两个为人的特质。AA制在西方盛行，甚至在日本也很盛行，但在中国却很难推行。朋友们交往一定是有买单潜规则的，有钱的买单，长辈买单，年龄大的买单，男的买单，东道主买单，轮流买单，但就是无法推行AA制买单，这就是中国人主动大气的表现方式。全球大牌车在中国基本都有加长款，欧洲人人高马大也不用加长版，而中国人却要加长版，加长不仅仅是为了身体舒服，更重要的是为了气派。这段文字我并不是赞美大气，也不是贬损大气，就我个人而言，我视大气为一种富有魅力的卓越气质。从一定意义上说，这种气质与性格有关，难以培养。

中国人讲情理法，欧美人讲法理情。中国人的很多生意是在饭桌上谈成的，在2000年左右，做生意讲的就是大气，喝酒要大气，因为人品就像酒品。更极端者，很多有权势的采购人员或相关决策领导人在酒桌上说"一杯酒一百万"，很多营销人员为了签下大单，真的一口气喝了十多杯酒，直接送医院者不胜枚举。

谈到喝酒，说一个让我感动的苏州学生，孙总的企业年产值大约有两百亿，算是大企业了。有一次下课，他说"我请大家吃饭"，我说"饭已经安排好了"，他说"那我请大家喝酒"。盛情难却，我们只好恭敬不如从命。那天晚上，他搬了一箱茅台酒，我们喝了两瓶。过了半年，他又来复习课程，晚上又带了三瓶茅台给同学们喝。在此，我要特别做几点说明：一、他和同学们都是萍水相逢，没有任何利益驱动；二、如果真有利益驱动，大概率是其他同学找他合作，因为他的企业很大，需求的品类和量都很多；第三、他并不是卖酒的，而且此时的茅台酒价格已达到两三千一瓶。

所有同学都很惊诧，我也很惊诧，按道理说，酒菜都应该是课程主办方准备。虽然谈酒谈钱很俗气，但通过这个俗气的钱和物，我却看到了孙总的大气。我不禁在想，他到底是因为有钱才大气，还是因为大气才有钱呢？我觉得是后者。事实上，来上课的学生都是老板和企业家，谁都不差这几瓶茅台的钱，但谁都不愿意主动宴请萍水相逢的人，只有孙总愿意。这在我的两三百场课程、上千顿晚宴中都是难得一见的现象。

这些年，由于工作原因，我也算是行万里路，阅人无数，我发现成功与大气的关系非常密切。我再写一个大气又粗暴的案例。早在 2007 年，我就认识扬州籍的一位王总，他其貌不扬，初中学历，相貌憨厚，穿着普通，不修边幅，一看就是农民进城的感觉，但他开的车却是奔驰 S350。他的企业也没有什么特别的管理，更准确地说，他也不懂管理。在沟通中，他告诉我，他们的销售团队从来没有人离职，我问为什么，他说销售人员在外面跑市场，大部分资金和风险都是公司的，利润分红大头却给他们，销售员能拿到 60% 左右的分红。我听完后很震惊，这样的管理和绩效考核太粗放了，这要放在用 MBA 思维管理的企业中是不可想象的，会被笑掉大牙的。但或许也正是由于这种粗放的大气，才让他成为一个被人追随的领导者。

如果说王总的公司是一家小公司，手笔一般，我在浙江听到一家做汽车配件的公司则是玩心跳。这家公司规模很大，行业龙头，他们要求员工和家属共同参加公司年会，在年会上他们直接发汽车，其中不乏一两百万的奔驰、宝马、保时捷、路虎等豪车。更夸张的是，他们还直接在公司年会上用现金发年终奖，奖金最多的同事要领几百万，一度出现由领奖者和家人用麻袋将奖金抬到隔壁银行存起来的壮观景象。我想，看到这段文字的读者朋友，应该能想象那个钞票满天飞的场景，也能想象那些奖金比较少的员工和他们的家人是如何后悔并立志来年发愤图强的场景。

我被孙总茅台酒的大气震撼，我被王总拿出 60% 利润给员工的大气震撼，我被浙江企业发豪车和用麻袋装现金的大气震撼。蒙牛乳业创始人牛根生先生常把一句话挂在嘴边，"财聚人散，财散人聚"，说的就是大气和小气。《大学》中的"仁者以财发身，不仁者以身发财"，说的亦是大气之人和小气之人。

第五节 利他

利他的反义词是利己。利他用大白话说就是对别人好，有人曾开玩笑地说，当一个人连续对别人好超过7次以上就能俘虏这个人。从反面说，很多"鲜花"就是这样被"牛粪"俘虏的，很多客户就是这样被供应商俘虏的，很多领导就这样被下属俘虏的。从正面说，今天我们要做好事业就必须要有利他的精神，拼命地对员工好，拼命地对客户好。马云和稻盛和夫在一次电视节目中同做一道排序题，主持问："员工、客户和股东，你们认为重要性的顺序是什么？"马云的答案是：客户、员工和股东；稻盛和夫的答案是：员工、客户和股东。二位企业家都有自己的理由。马云说："我们永远把客户放第一位，只有先利益客户，我们才能做得更好，才会有更多资源来利益员工。"稻盛和夫说："我们永远将员工排在第一位，只有利益员工，员工才会更好地服务客户，公司才能变得更好。"他们共同的逻辑是，只有把员工和客户都服务好了，公司才能创造利润回报股东。

大多数人很难做到毫不利己专门利人的境界。但至少可以做到主观上利人，客观上自己也得到好处。这是大多数人可以也应该要努力的方向——凡事先为别人着想，如果是带着目的或期待结果地去利他也无可厚非，无论你利他的动机是为了这件事，还是为了这个人，还是为了自己的一生或更长时间，这种行仁义的利他思维都是值得提倡的，孔子也说"知者利仁"

"及其成功一也"。但要是不带目的、不期待结果地去利他则是真正的智慧，如孟子所说的"由仁义行，非行仁义也"，孔子所说的"仁者安仁"。

我的很多企业家学生功成名就后，都开始思考生命的意义。就企业家而言，实现生命意义的最好方法是商业——做利他的商业，做对社会真正有价值的商业。河北唐山的一位学生白总告诉我，他花了几千万和政府合作养老产业，但盈利很难。我说："这么多投资却不盈利，你着急吗？"他说："也不太着急，这是一件有意义的事，是利国利民的事，不盈利也没关系，只要能让我不亏或少亏点，能把这件事长久地做下去就好……我是1976年唐山大地震中幸存下来的，是吃百家饭长大的孩子。后来又遇到改革开放的好机会，做企业赚了些钱，现在到了回馈社会的时候……"我听完很感动，这就是因为感恩而做利他的却不期待结果的事情。

温州的一位学生项总告诉我："我最近投资了两三千万做了个新项目：直接将厨余垃圾倒入我们制造的特殊容器，垃圾就慢慢变成二氧化碳排放掉。我还在继续加大研发，最终要实现将二氧化碳变成氧气，并做到零排放和零臭味。"我说："这个项目有风险，要改变消费者的思维是最难的事情。"项总说："任何项目都有风险，我创业几十年，以前纯粹是为赚钱而赚钱，今天我选项目首先不是看中项目的盈利，而是看中项目对社会对人民的价值，这个项目是响应国家环保要求的，又是我的专业，我必须要做，就算失败也很坦然。"

吉林省四平市的一位做房地产开发的学生赵总是当地最大

的房地产开发商，十多年以来，他积极参加各类社会慈善和公益的利他事迹就不说了，最让我感动的是他将利他思维用于业主身上，全面提升和改善业主的物质和精神层次。2018年，我去过他开发的社区，这是我见过的最有温度的社区。恍惚间，我好像走进了陶渊明所描写的"世外桃源"，下到牙牙学语的孩子，上到耄耋老人都能充分感受到幸福。

他在社区里建立了图书馆、老年大学、健身会所、电影院、各种活动场馆、业主食堂、儿童书房……每逢重要节日都组织大家一起过节；帮助居民开展各种业余活动，琴、棋、书、画、舞，面面俱到；组织志愿者照顾社区老人；在社区开春节晚会，还带着居民一起参加央视的社区春节晚会。从物质到精神，从体格到人格，只要居民有需求，赵总就舍得投入。如今，城市里很难见到整个社区的居民像家人一样和谐亲近、其乐融融，而赵总创造的"幸福汇"社区服务模式做到了这一点，这也让他在全国的地产行业里都备受关注和尊敬。我希望有机会带着其他做房地产开发的学生走进赵总的"世外桃源"。

最后我再分享一个让我双重感动的案例，北京的学生吴总出生在台湾，后到美国读书，毕业后代表法国兴业银行到大陆来开拓市场，做到中国区副总裁，成了名副其实的金融达人和超级金领，活出了万千女人都羡慕的风采。一个偶然的因缘，她接触到生命科学，了解到干细胞治疗能帮助人延缓衰老、预防修护及疾病治疗，甚至能有效改善和延长绝症患者的生命。联想到自己的父亲因癌症去世的悲痛，她决定离开金融行业，进入生命科学领域，做对人类生命健康有价值的事情。八年前，因一念之缘，她启动了"爱心小细胞"公益基金，用爱心和技术协助陆军总医院累计救助了数百位白血病儿童，救活了两三百个孩子，累计为这些孩子捐款和募捐善款达数千万元。她告诉我："我热爱自己的职业，我在做一件有价值的事情，一件有利于社会和国人的事情。"我说："这么多孩子都会感谢你的。"她却出我意料地说："马老师，其实是我要感谢他们，是孩子们的坚强激励了我这八年来不断突破创业中的障碍和苦难，是孩子们的乐观和笑脸让我看到并一次次确认生命科学的价值，是孩子们让我真正坚定了生命的意义、追求和使命。我愿人人都能将人性里的善良变成利他的行为，点亮世界。"

第六节　坚持

　　古希腊著名哲学家苏格拉底对学生说："从今天开始，我要你们做一件事，每天坚持甩手 300 下，以锻炼你们的意志。"全班哄堂大笑，甩手，这是再简单不过的事情了，谁做不到啊！第二天，苏格拉底问有多少人甩手 300 下，100% 的学生都兴奋地举起了手。一个月过去了，苏格拉底第二次问时，有 80% 的学生举起了手，表示自己坚持下来了。两个月、三个月……一年过去了，苏格拉底再次提起甩手的事，全班鸦雀无声，大家面面相觑，都觉得十分惭愧。这时有一个人举起了手，老师看见了，对他点了点头，这个举手的学生是柏拉图。

　　关于坚持的故事，我们还能一口气说出很多，例如：李白看老太太磨针，陶侃搬砖，愚公移山，达·芬奇画蛋……但这些虚虚实实的故事离我们太远了。事实上，激励我们前行的未必是名人或伟人的故事，或许身边普通人的故事更能给我们力量，我分享几个学生的故事。

　　宁波的一位学生张总是做道路和桥梁等基础施工业务的。他对我说，2003年左右，有个专门运作房地产的朋友找他一起做地产项目，朋友给他描述了一个很有诱惑力的利润蓝图。他和其团队几乎决定要拿出一两千万来做房地产，但最后经过深度讨论，还是决定坚持主业，在主业上加大投资，做大做强。虽然后来他的朋友用一千多万赚了几个亿的利润，但张总说："我们并不后悔，我们做的工作虽然苦一些、累一些，但更有意义。每当我们开车经过杭州湾大桥、港珠澳大桥，我们都很自豪，大桥下面有我们曾经挥洒过的汗水。"张总最后说："十七八年过去了，朋友投机做地产虽说赚了几个亿，但后来又亏了几个亿，浮浮沉沉，心如刀割，而我们一步一步到今天，公司也有几十亿的产值，也在走IPO流程了，离上市只有一步之遥，更关键的是，我们始终在做一件有意义的事情。"

　　无独有偶，南京的一位学生张总从1996年开始创业，做化工行业，在细分行业里还是很成功的，也赚了不少钱。但他后来觉得房地产行业赚钱更快，于是从2003年开始转行做地产。十七八年过去了，集团公司资产也达到了几十亿，这对一般人来说无疑是很成功的。但已过知天命年纪的张总经常反思，对我说："这些年的事业并不成功，当年投机做地产或许是错误的，尤其是当我看到当年和我一起进入化工行业的小老弟们兢兢业业地坚守本行业，有些已经上市了，我更是感慨万千——事业的成功不仅仅是资产规模，更是纳税、解决就业，以及产品的品牌性、延续性及对社会的意义等。"

郑州的高总，1954 年出生，是一个极其坚强又非常坚持的人。她前半生和丈夫一起打拼做企业，由于过度劳累，2006 年患上严重的类风湿。类风湿被医学界称为不死的癌症。当时她不能走，不能坐，不能见风，不能见太阳，大夏天出门还要穿毛衣、戴帽子，她每天忍受着病痛的折磨。即便如此，53 岁那年，她还和朋友一起合作投资开公司，她认为工作是幸福的事情。人活着就要工作。她一边南征北战，从北海到北京，到处寻找名医，治疗类风湿，一边躺在床上或车上坚持工作。如今，她战胜了类风湿，也将事业做遍了河南省。这就是坚持又坚强的高总，她的精神影响了无数人，像阳光一样温暖了无数人，我称呼她为阳光姐姐。如果说上面的故事是我听她口述的，那接下来的故事则是我亲眼见证的感动与敬佩。高总从 2015 年 9 月 5 日开始跟我学习演讲，刚开始她操着一口地道的河南普通话，我就建议她在微信群里大声朗读，一来练普通话，二来练演讲胆量。她就从 9 月 5 日开始读书，到今天已经坚持了 2125 天了，每天打卡，风雨无阻，只有在她婆婆去世期间才中断了几天，现在她的普通话和写的文章都已让我及她身边的朋友们刮目相看了，这对一个近 70 岁的老人来说着实难得。每次说到这个故事，我都非常感动。

她由内而外的阳光，所到之处总给人带去欢乐和阳光，也希望她身上惊心动魄的老骥伏枥的创业坚持和她云淡风轻日出日落的读书坚持能给年轻人带去生命的启迪和思考。

第七节 专业

大到人类，中到国家，小到企业，其发展历程大多遵循从粗放到专业的过程。比方说，欧洲将粗放的制造业转向美国，再转向亚洲四小龙，再转向中国；中国从改革开放初期的粗放制造业到现在的高科技制造业，都遵循这样的规则。

事实上，20世纪90年代，中国到处都是机会、都是钱，不问学历，不问出身，不问年龄，只要敢下海或被迫下岗而下海，都能赚钱，而且都赚了很多钱。娃哈哈集团的宗庆后是卖冰棍的，万向集团的鲁冠球是打铁的，这些企业都起于草莽而成于专业。谈到专业，我们自然能想到技术专业，但专业远远超越于狭义的技术专业，还包括管理专业、流程专业、软硬件专业、用人专业等广义层面的专业。

从做事业的角度来看，可以肯定地说，未来是靠专业吃饭的时代。事实上，很多人在20世纪90年代和21世纪初是靠勇敢、运气和粗放赚到了钱，在今天都在或快或慢地因不专业而失去。正如《礼记大学》所说"货悖而入者，亦悖而出"。

中国的企业家往往把企业当孩子养，舍不得放手，总觉得不放心别人来带领，光这份心态就已经不专业了。时代的发展日新月异，不要说六七十岁的老企业家难以跟上形势，就连四五十岁的中年企业家也感慨世界变化太快。所以我常在《舌行天下》的课程中对年龄大的企业家同学们说："随着年龄的增长，干活要越来越少，讲话要越来越多。你们要通过演讲将你们丰富的人生阅历和做人做事的思想传播给年轻的管理者和员工。而在管理的流程上、风格上、信息化工具的运用上、营销服务上，要相信年轻人，将专业的事交给专业的人去做。"

《舌行天下》从2011年开始艰难起步，说艰难是因为我们朴实无华的授课风格与当时靠灯光、音乐及各类套路为基础的成功学授课模式格格不入，但我和豆老师坚定地坚持走专业教学路线。十年来，我们坚持小班教学；十年来，我们只在政商演讲领域深度耕耘；十年来，我们不断雕琢课程，甚至精准到每个字句和动作，很多老同学五六年后再次走进我们的课堂复训时，都感慨课程耳目一新——这就是专业。专业来自哪里？答案是前线。日本的企业界流传一句话，"答案在现场"。事实上，专业的精进必须且只能围绕客户才能展开，任何闭门造车的"精进"都是徒劳无功的。所以我完全同意一句话："老师是站着的学生，学生是坐着的老师。"《舌行天下》课程的专业和精进大多得益于学生和课堂。

诚然，专业是《舌行天下》成功的基础。这里所说的专业不单是课程品质的专业，也是服务的专业。十年来，豆老师带领团队不断从每个细节上不计成本地优化服务；十年来，我们热情地服务每个新老客户。比方说，来自福建的房地产开发商张总十多次来到课堂，用他自己的话说："第十次和第一次，我都感觉被当成了贵宾。"正是这份感动和专业，《舌行天下》才会吸引 30 多个省市和地区的企业家来到杭州学习、学习、再学习。

中国是个人情社会，在过去的几十年里，很多人靠着人情取得了事业的成功，我相信，今后在中国做事业依然要靠人情，但今后的人情背后必定有一个默认选项，那就是专业。事实上，如果你是个不专业的人，你请客送礼那套人情也行不通，别人也不敢接受，因为"盗亦有道"——专业。

中国人似乎有两个倾向，一是"求大倾向"，求大似乎是中国人集体潜意识里的一部分。央视曾做过一期两岸年轻人创业的电视节目，参与节目的年轻创业者被问道："如果要开火锅店，你们准备怎么做？"大陆的年轻人偏向于讲"商业模式"，如何快速实现品牌裂变；台湾的年轻人偏向于讲"专业服务"，如何把一家火锅店经营好，甚至关注灯光、菜品、店内摆设、服务流程等细节。就本节专业这个主题的写作及在访谈节目中的场景来看，我更倾向于台湾年轻人的思维，我认为他们更贴近专业，更务实。

中国人的另一个特质是"跨界倾向"，很长一段时间，媒体热衷炒作的话题是"跨界打劫"，似乎那些跨界打劫的"野蛮人"一夜之间成了"英雄"。于是大街小巷，人人都想跨界、跨行、整合，很少有人把精力放在技术研发、企业管理、精益生产等专业思维上。虽然，我们也能找到不少成功跨界的企业，比方说华为，但华为的跨界依然是以扎实的专业为基础。而大多数专业不扎实的跨界和整合都以失败而告终。事实上，很多制造业跨界到房地产、金融或所谓的朝阳行业，不但导致了大量的房地产和金融泡沫，也导致了很多产业的产能过剩，造成大量的社会资源浪费，而且还间接导致了中国的制造业没能更早地转型成"智造业"，中国也没能更早地从"制造大国"转型成"制造强国"或"智造大国"。

第八节　执行

就算你拥有最敏锐的战略嗅觉、最理性的决策思维、最科学的规划能力、最宽广的整合能力、最前沿的创新能力，但如果缺乏执行力，依然有可能会将一手好牌打烂，所以说执行力是临门一脚的重要能力。

中国人大概是世界上执行力最强的人，中国大概也是世界上执行力最强的国家，以至于让高高在上的欧美世界产生恐惧，甚至联合打压。有人说，中国人要继续韬光养晦，光而不耀。确实，中国人在国外的消费执行力和扫货执行力应该要收敛一下，但生产执行力和建设执行力无须韬光养晦，也做不到光而不耀，用带些矫情和俗气的话说，就是"实力不允许啊"。

2020年新冠肺炎，武汉在猝不及防的情况下，用强大的国家执行力，封城市、建火雷、设方舱，抗疫如抗战，仅用三个月就把疫情控制住，这就是中国的国家执行力，也是中国人的执行力。另外，中国的高速铁路、高速公路、大楼大桥等的建设速度，以及火箭卫星的发射速度都让世界侧目。近年来的中美摩擦以及因此而引发的中欧摩擦甚至是中日摩擦都充分说明了中国的国家执行力所催生的国家实力对这些国家和地区产生了一些挑战，于是产生了摩擦。

我们能理解欧美系的担忧，也能接受与欧美系摩擦的事实，但欧美系也要接受中国的风格和中国对世界不可逆转、收也收不住甚至也不必收的影响力。因为中国让世界尤其是发展中国家拥有了更多的物美价廉的选择。虽然中国的物美价廉伤害了欧美，却奉献了世界和人类。所以长期来看，中国必然是得道者多助。

中国的执行力是由一个个企业的执行力和一个个个人的执行力共同构成的，在此我分享两个学生的故事。

案例一：江西的郭总告诉我，他创造了江西省首例"交房即交证"的行业记录。让人不可思议的是，郭总从酝酿这个想法到调动全公司资源去执行这个想法，甚至影响并改变政府办事作风，前后只花了14天。而从房地产行业来看，从交房到交证的间隔时间，短则3个月，长则24个月。

案例二：安徽的赵总告诉我，他接到了合肥市政府关于新能源汽车的重点工程，按照行规至少是60天的工期，但业主单位要求45天内必须完成。这几乎是不可能的，但赵总还是答应了客户的要求。现场一片荒芜，不通路、不通电、不通水，赵总调用一切资源，克服重重困难，用钢板铺路，用16台套大型发电机组发电，现场钻井抽水并用大功率抽水泵从河道取水。最终，赵总的团队用30天时间就完成了任务。赵总的原话是："我们用30个24小时保质保量地完成了这个几乎不可能的项目。"赵总在发给我的语音中说："办法总比困难多，有条件就利用条件，没条件就创造条件，人心齐泰山移，这就是我理解的执行力。"

执行力不应该只代表速度，也应该代表质量，真正的执行力是速度和质量的最佳融合。有人说"慢工出细活"，单就这句话本身来说是正确的，但事实上，很多人慢却未必能出细活，而很多人快也未必就出粗活。说到底，执行力同时反映着人的态度和能力。如果一个人对某件事极为上心同时又有足够的能力和资源，我相信这件事一定能以最快的速度做好，这就是执行力。

第九节　学习

人和动物的核心差别就是学习；物质层面上的成功人士和普通人士之核心差别也是学习；圣贤和小人，佛和凡夫的核心差别依然只是学习。

虽然说本书至少几十次提到了"学习"二字，但我依然想用学习作为"立业篇"也作为本书的结尾。本小节我只想谈谈学习和立业的关系，前文我提到过，很多人大学毕业后十多年都未曾摸过书，这其中原因很多，一来与小时候的应试教育题海战术有关，读书读伤了，看到书就怕；二来今人多烦躁，没心思看书；三来在网络时代，文字、图片、音频、视频等随处可见，以至于人们误以为自己在学习。

学习是个长期的过程，是人生的长线投资，两个相同条件的人，一个学习，一个不学习，一年没啥差别，三五年差别就很大，十年后或许就是不可逾越的人生鸿沟。我认为"学习成就未来"指的不仅是通过学习，人变聪明了，于是成功了；也不仅是指通过学习，人的能力增加了，于是成功了。事实上，大多数工作，本科生和硕士生的胜任力差别并不大，但硕士生之所以是硕士生至少说明其有一颗想上劲的心，这颗想上劲的开放的心才是硕士生比本科生更有竞争力的地方。当然，在今天硕士满天飞的时代，很多学生是由于在本科阶段找不到工作或找不到心仪的工作而被迫考研究生的，这则是另外一说；有些上劲的本科生不想在学历上花功夫也是另外一说。

这些年来，我一直在感受中国的民营企业，我发现但凡发展得不错的企业，其企业创始人都有持续学习的精神。我的很多学生十多年来累计花了三四百万在全国各地听课学习，尽管有些课程是彻头彻尾的泡沫课程，尽管他们也知道"防火防盗防培训"的黑色幽默，尽管他们也被骗甚至经常被骗，但这一切都无法阻止他们对学习的期待和向往。正是这种渴望成长和开放的心，才让很多小学学历的他们成为中国民营企业的主力军。

网上有金句说："听别人的故事，悟自己的人生。"在此，我写几个学生的故事来激励自己和有缘的读者，希望大家好好学习天天向上。

故事一：张总的父亲从20世纪70年代就挑着行囊穿街走巷——修伞，80年代末办起了生产伞的小作坊，90年代末开始在义乌小商品市场开店售卖，初中还未毕业的她也在此时从农村来到义乌，给父亲打下手。面对陌生的世界，她手足无措，就像刘姥姥进大观园，她发现自己欠缺得太多了。于是开启了疯狂学习的生命模式——白天工作，晚上学习；接待欧美客户要说英语，她就学习英语；接待阿拉伯客户要说阿拉伯语，她就学习阿拉伯语；不懂财务她就学财务；不懂品牌她就学品牌。通过二十多年持续的学习与成长，她从一个羞涩腼腆的农村姑娘蜕变为受人尊敬的女企业家——她的伞在全球一百多个国家销售并注册了商标，她的伞和她的故事被央视从1套到12套全面报道，甚至包括《新闻联播》也报道过她的事迹。如今她的女儿接管了她的事业，但身为外婆的她还在学直播，学录制小视频，每天忙得不亦乐乎。

故事二：山东的于总是个非常爱学习的人，他曾专程飞到美国，花了5万元的学费，听了一场沃伦巴菲特和查理芒格的演讲。或许大多数人会认为这是不可思议的举动，甚至认为不值得，但于总认为值得，我也认为这是很有价值的学习投资。是的，作为全球盛会，巴菲特的演讲文稿网上到处都是，任何人都能通过无界的互联网获得巴菲特的演讲全文甚至是视频。但我认为当你免费获得巴菲特的演讲内容和当你花了5万元的费用并飞行十几个小时在现场学习时的效果是完全不同的，因为学习诚意决定学习效果。同理，如果《成功之道》这本书是你心甘情愿购买并阅读和有人要求你购买或有人买来送给你看，效果也是完全不同的。《中庸》说"诚者，物之终始，不诚无物"，唯有有诚意地学习，才是真正的学习，才是有效果的学习。

最后我要说，老板不学习，企业一定是没有前途的，但如果只是老板一个人在学习，企业也未必有前途。因为未来成功的企业一定是团队共同成长的学习型企业。就像中国铁路已经从"火车跑得快，全靠车头带"的绿皮时代进入到"火车跑得快，每节都要快"的高铁时代一样。唯有企业的每个部门都有动力，企业这部列车才能高速行驶。

十年间，我和豆老师辅导了走进《舌行天下》的数千位企业家，他们个人的学习精神大多都让我感动和敬佩。但在团队学习方面给我留下深刻印象的有三位——

一位是来自河南的王总，他学完课程后，立刻给中高层管理干部培训并组建公司内部的高管朗读群，数十位中高管立刻进入学习状态。王总尝到了通过团队学习与朗读的方式来增加企业凝聚力的甜头，他对我说："《舌行天下》对我和公司的价值是学习费用的几百倍以上。"

第二位和第三位分别是来自江苏的赵总和朱总，他们学完《舌行天下》后觉得很有价值，于是给他们的核心团队也报名了，他们将学习当作福利奖励给中高层管理干部，具体送谁来学习不但与绩效有关，还与在群内朗读的天数有关。赵总还将《成功之道》列为企业中高层管理干部的必读书，并邀请我参加了他们内部的"《舌行天下》演讲会 &《成功之道》读书会"的学习活动，我亲身体会到他们的团队氛围，感触良多，也受益良多，我更加确信——老板和团队共同学习就是企业持续发展的"成功之道"。

鸣谢 ACKNOWLEDGEMENT

感恩天地，感恩父母，感恩兄弟姐妹，感恩朋友，感恩社会，感恩天地间的一草一木。《成功之道》这本书能顺利写作并出版，我要感谢下面这些曾给过我帮助的人。

感谢豆慧茹女士和许林强先生，他们是我事业的黄金搭档，有了他们才有了接下来的美好。

感谢张良夫先生、项文胜女士、潘思颐女士、陈林君先生、张吉英女士、何君苗先生、许辛昌先生、刘子红女士、陈保堂先生、余学荣先生、朱小萍女士、林利学先生、孟峰先生、徐志远先生、潘选亦女士、于迅先生、赵顺武先生、高淑萍女士和马桂林先生。他们都是我的学生，但更是我的兄弟姐妹，在他们和其他我无法列出名字的同学们的支持下，我得以数次走进云贵川和宁夏山区去做一些小小的慈善和公益，是他们所有人用实际行动支持我的梦想，在这过程中，我理解了治国平天下。

治国平天下的前提是齐家，齐家的前提是修身，修身的前

249

提是格致诚正。让我走上修身之路，让我理解生命意义的人非邵逝夫先生莫属，我非常感动。因为，我知道没有格致诚正修的功夫，齐治平只是墙上芦苇、水上浮萍。

感谢编辑秦庆瑞先生和闫风华女士，正是他们全力以赴的努力和不厌其烦的修正，才让本书越来越好。感谢好友吴志祥先生，他建议我将副书名由"修身齐家干事业"换成"修身齐家立业"，小小的改变让书的整体面貌更和谐。感谢好友龚忠朝先生连续挑灯夜战给我的书稿提修改意见，感谢所有给我正面力量和反面力量的朋友，让《成功之道》得以成功面市。

我写《成功之道》不是为了卖书，也不是为了卖课，而是希望传递一个显而易见却又被忽略的观点：成功＝生命的成功＋家庭的成功＋事业的成功。

......

关于《智慧父母》

读者朋友们，大家好，我是马克，感谢你们能阅读或翻阅到这里。迄今为止，我出版了七本书，最近的两本是《智慧父母》和《成功之道》。这两本书是我最满意的，也最能代表我相对成熟的人生观和世界观。我在《成功之道》的最后推荐《智慧父母》，理由如下：

一、《智慧父母》和《成功之道》相互补充，所阐述的方向也是相同的。《成功之道》分三篇：第一篇"修身"，第二篇"齐家"，第三篇"立业"。《智慧父母》分四课：第一课和第四课分别是"改变自己"和"绽放生命"，这两课完全对应着《成功之道》的"修身"篇；第二课和第三课分别是"教育孩子"和"经营家庭"，这两课完全对应着《成功之道》的"齐家"篇。

二、《智慧父母》和本书所阐述的方向是相同的，但却是从完全不同的角度来阐述的，正所谓"横看成岭侧成峰，远近高低各不同"，我在写《成功之道》的时候就高度注意减少和《智慧父母》内容的重合度，最终，两本书的重合度不高于5%。所以，将这两本书结合起来读，才更能理解《成功之道》。事实上，我曾想过《智慧父母》和《成功之道》合成一本，但考虑到架构的问题和书的厚度，最终放弃了合二为一的想法。

所以，如果读者朋友们想全面了解我对修身、齐家、立业等人生话题的阐述，读这两本书就可以了。当然，如果读者朋友有任何问题，也欢迎你们发邮件到470692671@qq.com邮箱，我们一起探讨以修身为基础的个人成长、家庭教育和事业经营等话题。

生命本身的意义：尽心、知性、知天

实现的核心：立志

　　敢立"圣贤之志"
　　坚信"圣人之道，吾性自足"

实现的路径与功夫：察端（仁之端，义之端，礼之端，智之端）
　　　　　　　　　　扩充
　　　　　　　　　　勤学，改过，责善

生命对社会的意义：修身、齐家、治国、平天下

实现的路径与功夫：格物、致知、诚意、正心

益心善
惟厚学

自我实现	幸福、自在、圆满	是非	超我		知识
		恭敬			认知
		羞恶		本我	
生理		恻隐			习性
	寡淡、快乐、抱怨、愤怒、恐惧、郁结、焦虑、悲伤	自欺			禀性
		自卑	自我		本性
安全、社交、尊重		自大			身体
		自私			

我

我是谁
从哪里来
到哪里去